本书获得浙江海洋大学学术著作出版基金资助
浙江省中国特色社会主义理论体系研究中心浙海大基地资助

中国古代海洋发展简述

胡细华　叶　芳　编著

北　京
冶金工业出版社
2020

内 容 提 要

本书从古代中国海洋发展的视角出发，以时间为轴，按先秦、秦汉、隋唐、宋朝、元朝和明清时期海洋发展的演化历程来表现整个古代中国与世界文明的发展的关联性，展现了古代中国海洋文化发展历程和内涵的大致轮廓；通过对海洋发展历史的相关研究成果的汇总梳理来展示中国海洋发展的历史面貌和演变轨迹。

本书适合海洋文化、海洋史和海洋强国建设等领域的各界人士以及高校相关专业的师生阅读，也可供相关涉海机构部门工作人员参考。

图书在版编目（CIP）数据

中国古代海洋发展简述／胡细华，叶芳编著 . — 北京：冶金工业出版社，2020.1

ISBN 978-7-5024-8318-0

Ⅰ.①中… Ⅱ.①胡… ②叶… Ⅲ.①海洋—文化史—研究—中国—古代 Ⅳ.① P7-092

中国版本图书馆 CIP 数据核字（2019）第 288927 号

出 版 人 陈玉千

地　　址 北京市东城区嵩祝院北巷 39 号　邮编　100009　电话　(010)64027926

网　　址 www.cnmip.com.cn 电子信箱 yjcbs@cnmip.com.cn

责任编辑 夏小雪　美术编辑 吕欣童　版式设计 郑小利　孙跃红

责任校对 石　静 责任印制 禹　蕊

ISBN 978-7-5024-8318-0

冶金工业出版社出版发行；各地新华书店经销；三河市双峰印刷装订有限公司印刷

2020 年 1 月第 1 版，2020 年 1 月第 1 次印刷

169mm × 239mm；12 印张；193 千字；175 页

69.00 元

冶金工业出版社　投稿电话　(010) 64027932　投稿信箱　tougao@cnmip.com.cn

冶金工业出版社营销中心　电话　(010) 64044283　传真　(010) 64027893

冶金工业出版社天猫旗舰店　yjgycbs.tmall.com

（本书如有印装质量问题，本社营销中心负责退换）

前　言

　　古代中国海洋文明发展的涉及面很广，如政治变化、海洋经济、社会变迁、港口贸易、海运实践、文化发展、海神崇拜与宗教等诸方面均可以通过海洋文明的发展得以体现。古代中国海洋文明发展史展现了海洋文明发展由盛而衰、由封闭转向"开眼看世界"的曲折历程，反映了古代中国海洋文明在中国古代发展史上的重要作用。通过考察分析古代中国海洋政策的变迁、经济社会的转型、海洋实践的拓展、海洋意识的开明，揭示古代中国海洋文明发展的生动画面。海洋文化影响并塑造着中国文化，古代中国海洋文明是世界海洋文明的重要组成部分，古代中国海洋文明发展的历史脉络与丰富内涵，通过王朝政权更迭与海洋战争冲突、海洋运输与海洋交通、渔盐产业与海洋港口城市、造船技术与海洋贸易、沿海早期渔民与海洋社会治理、海洋文学艺术与海洋信仰崇拜、海洋贸易拓展与海外文明交流、海洋观念更新与海洋科技创新等领域得到了充分体现，这些领域在古代中国海洋文明发展变迁中具有十分重要的地位。作为四大文明古国中唯一文明不曾中断的国家，未来我们的征途必将是浩瀚深蓝，现实召唤我们更加重视海洋发展史、海洋文明史等问题的研究。中国特色社会主义进入新时代，海洋事业发展迎来了从量变到质变的关键时期。党的十九大报告提出"加快建设海洋强国"的重大发展战略，习近平总书记围绕建设海洋强国作出了一系列重要论述，准确定位了海洋在新时代的历史方位，突出了现实性、前瞻性和创新性的统一，是建设中国特色海洋强国的行动指南和根本遵循。在我国由海洋大国向海洋强国迈进的征程中，积极参与全球海洋治理是加快建设海洋强国的内在诉求，是实现中华民族"向海而兴"的必由之路，是为构建人类命运共同体贡献"东方智慧"的绝佳范式，我们必须继承和弘扬中华海洋文明传统，建设21世纪海上丝绸之路，大力推进中国文明的现代化转型，助推全球海洋善治。

中国是世界海洋文明发祥地之一。先秦时期古代中国有非常丰富的涉海实践，这些涉海实践是古代中国海洋文化的萌芽，如萧山跨湖桥8000年前的独木舟、河姆渡文化遗址7000年前的船桨和黄海之滨的龙山文化都是我国海洋文化萌芽的见证；而春秋战国时期的海上运输与作战，则可以看成是先秦时期海洋文明发展的成熟果子。从秦汉一统到明初郑和下西洋，在这漫长的1500多年的历史时期，应该说总体上都是由封建王朝主导下的传统海洋时代，海洋文明发展一直处在上升状态，海洋实践丰富，海外交流频繁，海洋文明繁荣，创造了亚洲和平和谐、互补共赢的文明模式和文化传统，海上丝绸之路日臻繁忙，即使在世界海洋文明发展历程中也一直是先行者姿态。从郑和下西洋后，到新中国成立，中国海洋文明发展存在向近、现代海洋文明转型的机遇，然而在封建王朝力量的压制下功败垂成。新中国建立后，逐渐改变重陆轻海观念，继承古代中国海洋文明传统，吸收借鉴世界先进海洋文明成果，大踏步走上海洋强国的复兴之路。

秦汉时期已经开辟了"海上丝绸之路"，这一时期不仅开辟了陆路连接中亚的丝绸之路而且开辟了东至朝鲜、日本和西去南亚的"海上丝绸之路"。东汉政府开始巡逻、管理南海诸岛。三国时东吴与辽东半岛的公孙氏之间通过海上交往，中国远洋海船越过印度半岛并抵达波斯湾，中国在秦汉时已是公认的世界性航海大国。

隋唐时期中国航海事业一派繁荣景象。这一时期航海事业繁荣发展，"海上丝绸之路"全面兴旺，出现了专门管理海外航运贸易的市舶司。由于造船工艺技术先进，船舶坚固，巨大的中国商船航迹遍及东南亚、南亚、阿拉伯湾与波斯湾沿岸，甚至在红海与东非海岸也有了中国商船的踪迹。相比较秦汉时期，隋唐时期海洋交通和海外贸易走得更远。

宋、元时期中国造船工艺技术先进。这一时期是中国造船工艺技术水平突飞猛进、成就显著的高峰时期。为适应和满足当时国内和海外各种运输的需要，宋、元时期分别在现在的开封、杭州、宁波、温州、苏州、扬州、泉州、广州等临海城市开设官办造船场，当时的造船工业形成了一个分布地域广泛、规模宏大的生产体系，所造航海船，形体很大，行船设备也更完备，并都有多桅风帆和导航仪，平衡舵的使用提高了控制航向的能力；形体较大的船舶均设置大小两个可据水道深浅而灵活交替升降使用的主舵。宋、元时期掌握了导航技术、测深技术、用锚技术、使舵技术并熟悉了对海洋气象、水文的变化规律。中国人发明的造船技术——水密分舱法直到19世纪中叶才被西方引入。

明、清时期的航海事业更加令人惊叹，清朝鸦片战争前后则是国人开始"睁眼看世界"、逐渐进行海洋探索实践的时期。郑和在1405~1433年的28年间七下西洋，遍访亚非39个国家和地区，船队浩浩荡荡，船员兵将达27700余人，气势恢宏，成就斐然。郑和下西洋早于哥伦布发现美洲大陆87年，早于达·伽马绕过好望角92年。郑和下西洋的壮举引领着世界航海史的发展，把中国海上丝绸之路的繁荣带到更远的国家和地区。实际上，从新石器时代直到15世纪中叶古代中国的航海事业与航海技术一直位于世界前列。清朝鸦片战争前后是中国"三千年未有之历史大变局"时代，西方的坚船利炮从海上撕开了中国的门户，此后中国人开始从振兴造船业、建立海军的实践中探索"大海国"建设；无论是洋务运动，还是戊戌变法，睁眼看世界的中国人逐渐把目光投向了海洋，并进行"海洋强国"的尝试。这些宝贵的海洋探索实践和经验，激励着一代又一代中国人奋发图强。

自然环境是人类赖以生存发展、文明进步的基础，渤海、黄海、东海、南海是中国的四大海域，属于中国的近海，沿海省份海岸线较长，历来就是捕捞作业的重要基地，沿海地区水质肥沃，生物饵料丰富，海水盐度适中，是多种鱼类、虾类的产卵理想场所，优良渔场如山东的石岛渔场、浙江的石浦渔场、沈家门渔场等。渔场之于渔业犹如田地之于农业，故渔场又可成为渔业生产之基本。沿海的鱼类十分繁多，据考古发现，河姆渡文化遗址中的水生动物有海龟、中华鳖、鲸、鲟、真鲨、鲤鱼、鲫鱼等，沿海的海洋渔业资源十分丰富；盐业资源在传统社会中是支撑封建王朝统治的重要产业，盐课的收入，是国家财政收入的重要来源，南宋以后几近占国家财政的半壁江山，因此朝廷极为重视，对盐业的生产和运销控制得非常严格。我国沿海省份大都拥有漫长的海岸线和大片滩涂，具有丰富的海盐资源和优越的地理位置，十分适合盐业生产；沿海地区拥有良好的天然港口和发达的造船技术，海外航运发达，远洋航运便捷，如唐、宋、元朝的明州港、温州港，宋、元时期的广州港、泉州港等，元朝在全国设立7个市舶司均为频海城市，如明州、温州、泉州、上海和广州等。贸易对象从日本、高丽到东南亚各国，海外贸易得到了蓬勃发展，贸易规模庞大，明朝后，受迁界、海禁甚至"片板不得入海"等政策的影响，对外贸易的开放大门几近关闭，只与日本、南洋、西洋的贸易时断时续。

如果说只有当经济、人口和技术条件正确结合时，航海活动才能变成决定性的力量，那么水、风、土地、沿海区域位置和临港军事海防等地理因素则以明显的方式塑造了海洋世界。海洋地理领域的研究日益受到关注和重视，地理学不仅研究陆地，海洋也是地理学研究的重要领域。有远见的地理学家纷纷把研究方向和内容投向海洋，积极推进海洋地理学的研究与发展。中国是陆地型国家，也是海洋型国家。1982年，《联合国海洋法公约》已对各种海洋区域的法律制度作出明确规定。1998年6月26日，我国第九届全国人民代表大会常务委员会第3次会议审议通过了《中华人民共和国专属经济区和大陆架法》，从国内立法的角度确立了我国对专属经济区和大陆架的主权和管辖权。目前世界各国正全力加快海洋开发，随着海洋开发的扩大和深化，争夺海洋资源的国际斗争愈演愈烈。《联合国海洋法公约》的正式实施，为我国的地理学家提供了前所未有的机遇和广阔的空间，但也提出了紧迫的要求。在维护国家海洋权益，从事不同海域环境资源调查、开发利用与立法管理的研究中，海洋地理学义不容辞，应起到极其重要的作用。在海洋防务方面，海防是指在国家领海，为防备和抵抗侵略，制止武装颠覆，保卫国家的主权、统一领土完整和安全所进行的军事活动。有效的海防是国家海洋权益的重要保障，在我国，按照1997年3月全国人民代表大会通过的《中华人民共和国国防法》，国家的领海神圣不可侵犯。国家加强海防建设，采取有效的防卫和管理措施，保卫领海的安全，维护国家权益。封建王朝也会对前朝海洋战争的经验教训进行总结，并对沿海的地理军事价值进行分析。清朝就总结了明朝抗倭海防斗争的经验教训，认为战前要评析地理形势（包括位置、范围和战略地位），海岸地理特点、岛屿位置的利用价值；战时要评判海洋水文要素（海潮）、海洋气候要素（风向、风力）对海洋作战的影响，要研究战争形势的变化；要提前做好海口、海港、海道军事要塞的建议等，这些关于海防地理的认识，具有一定的价值。进入现代，中国海洋形势日趋严峻，我们需要强化海防意识，总结海防发展的历史经验，发展和创新海防理论，指导海防实践，培养高素质的海防人才，加强海岸、海岛和海域等地理军事利用价值的研究，综合运用多种力量和手段，捍卫国家海洋领土安全、维护海洋权益、开展海防斗争。拜占庭历史学家乔治·帕西迈利斯（George Pachymeres）在总结航海活动的益处时曾说道，航海是一件高贵的事情，对人类而言比其他一切事物都更有用：它可以输出过剩的物品，并提供当前缺乏的东西；它使不可能成为可能，将不同地区的人们连接在一起，使每一座不适宜居住的岛屿成为大陆的一部分；它将新知带给那些远航者，改进技术，为人们带来和谐与文明，并通过将大多数人聚集在一起来巩固他们的本性。它毁灭一切，又创造一切。古代中国以独特的海洋文明态势融入世界海洋文明发展进程，海洋影响并塑造着中国文化。本书从中国古代海洋文明发展史的视角出发，讲述古代中国与世界历史，揭示古代中国先民如何通过海洋、河流与湖泊进行交流与互动，以及交换和传播商品、物产、文化、思想甚至宗教等，展现"海洋文明"与"国家兴衰"之间的联系。本书以时间为轴，通过海洋史的发展来展现整个古代中国与世界文明的发展，从大洋洲的古老探险到四大文明古国的河流海洋，从地中海帝国扩张到美洲原住民的无奈衰弱，所有的历史资料和数据都证明海洋的兴衰与文明兴衰之间的微妙关系——海洋发展对于文明进步究竟有多么重要。

在加快建设海洋强国的背景下，古代中国海洋文明的发展历程，给我们的重要启示是什么呢？

中国特色社会主义进入新时代，海洋事业发展迎来了从量变到质变的关键时期。在我国由海洋大国向海洋强国迈进的征程中，积极参与全球海洋治理是加快建设海洋强国的内在诉求，是实现中华民族"向海而兴"的必由之路，是为构建人类命运共同体贡献"东方智慧"的有效范式。党的十九大报告提出"推动构建人类命运共同体""加快建设海洋强国"的重大部署。习近平总书记围绕建设海洋强国作出了一系列重要论述，准确定位了海洋在新时代的历史方位，突出了现实性、前瞻性和创新性的统一，是建设中国特色海洋强国的行动指南和根本遵循。

本书从古代中国海洋发展的视角出发，以时间为轴，按先秦、秦汉、隋唐、宋朝、元朝和明清时期海洋发展的演化历程来表现整个古代中国与世界文明的发展的关联性，展现了古代中国海洋文化发展历程和内涵的大致轮廓；通过对海洋发展历史的相关研究成果的汇总梳理来展示中国海洋发展的历史面貌和演变轨迹。由于中国古代海洋发展的治理思想、岛屿文化、诗歌文化等散落在各种书籍之中，本书较广泛地搜集引用、梳理参阅了国内许多学者的有关中国海洋发展的研究成果，在此，对他们表示忠心的感谢。本书的出版得到了浙江海洋大学学术著作出版基金的资助。同时，也非常感谢在本书出版过程中给予大力支持和关心的同事们。由于时间仓促，书中难免存在疏漏或不妥之处，敬请广大读者批评指正。

作 者

2020 年 1 月

目　录

第一章 绪 论

21 世纪是海洋世纪，海洋的开发利用和保护治理进入了一个崭新时代。走向海洋，是世界各国发展的大趋势。中国能否抓住发展机遇，建成海洋强国，对全球海洋善治做出更大的贡献？能否经受住西方海洋霸权的挑战，积极推进全球海洋治理体系现代化，并在全球海洋治理体系中拥有自己的话语权？前事不忘，后世之师，我们必须头脑清晰、下大力气从多方面提升海洋强国建设能力，构建中国特色海洋文明思想体系，不断开创新时代海洋事业全面发展的新局面。美国著名海洋史学者林肯·佩恩在《海洋与文明》中指出，人类早期的四大文明古国都诞生于大河流域，海洋不仅是生命之源，其实也与人类文明发展有紧密关系。因此，必须要加强海洋文化建设，特别要加强海洋历史文化和海洋文明发展史的研究。

第一节 古代海洋文明与世界文明

一、海洋文明与世界文明

海洋文明史是世界文明史的重要组成部分，沿海地区与海上航路占据着同样重要的位置，来自不同地区的人们在那里不仅交换商品、物品，也交换语言、思想和宗教，并接触到其他地区的商业、法律、审美乃至饮食。随着海上贸易日益全球化，我国正在全球海洋治理方面发挥越来越重要的作用，中国方案、中国智慧逐渐赢得国际社会认同和赞赏。对于中国而言"这种复兴伴随着一种很自然的好奇心，那就是在古代以及近代的历史上，在漫长而宽阔的亚洲海岸上，海上商业和移民活动在商品与文化的传播过程中究竟扮演了怎样的角色"。❶20 世纪初，中外学者们发现："是中国人最早找到美洲

---

❶（美）林肯·佩恩. 海洋与文明［M］. 陈建军，罗燚英，译. 天津：天津人民出版社，2017：5.

大陆的，而不是哥伦布，证据是美洲印第安人（当时称为"红印度人"）的语言、形体都和中国人相似。考古还发现，在墨西哥发现了很多泥制古像，面貌和华人无异，衣饰也是古代中国之物；还发现泥制佛像数百枚，塑法与中国近代木雕神像相似，盖亦千余年前中国之技术也"；佛像旁边还发现了 1500 年前的古钱币，在南美洲的厄瓜多尔还发现了 2000 余年前王莽新朝发行的钱币。❶ 海上交流（以及这种活动的偶尔中断）在中国文化的形成过程中起到了重要的塑造作用，同时，它也使中国的文化和观念得以通过亚洲的海上航路广为传播。实际上，除了明朝郑和"七下西洋"外，大多数西方人对中国海洋的历史仍然所知甚少，其结果是即使在明清时期耀眼的沿海"行商"制度，也没什么人有兴趣去关注，这很自然地导致了人们误解和低估了古代中国商业活动的海洋倾向，实际上，古代中国的商人（如沿海地区广东和福建商人）在海外的商业领地已经到达如新加坡、雅加达、马尼拉等地方。正是这种古老的海上活动传统，帮助中国的航海业从 20 世纪 60 年代初的不到 30 艘国际贸易船只发展到今天世界上最庞大的国有船队。在人们与全球海洋的互动关系中，最显著的一个特征可能就是其普遍性，甚至影响到那些对航海活动持消极态度的人。这一点在古希腊和古代中国并无不同，在世界其他国家的漫长历史上亦是如此。那些以海上贸易为生的人尽管常常遭遇反对和阻力，却以饱满的热情开创了自己的事业，并在此过程中丰富了自身及互动对象的文化内涵。与此同时，任何地方的水手都知道，海洋是一个无情的对手，对其应该怀有敬畏，而不是一心将其征服。孔子在《论语》中说："四海之内皆兄弟也"，如果说为我们所共享的全球海洋的历史有什么可以告诉我们的，那便是这句简单的真理，❷ 或者说这就是探讨海洋文明史之于人类文明史的全部意义与价值。

二、古代世界海洋文明

古代世界埃及人、希腊人、罗马人、北欧人、腓尼基人（迦太基人）、阿拉伯人等，大凡邻海民族都无一例外地有过航海活动，都是世界海洋文明发展的重要佐证，在人类航海史上都做出过贡献。古希腊公认的"哲学史第一人"泰勒斯（Thales）提出了"水本原"说，即"万物源于水"，水是世界的基础，水既是有形的又是无形的。海洋与陆地都可以作为人类生存的家园，各个民族选

---

❶ 盖广生.大海国［M］.北京：海洋出版社，2011：5.

❷（美）林肯·佩恩.海洋与文明［M］.陈建军，罗燚英，译.天津：天津人民出版社，2017：6.

择以海为生还是以陆为生都是出于生存需要而自发选择的。从人类的进化和社会发展历史上可以看到，即使在远古时期各人类群体大多相互阻隔没有通联的条件下，人类从最早的采集、渔猎到发展海外交通贸易的历史进程是基本一致的。

原始社会末期随着私有物品的出现，部落之间、人与人之间有了物物交换，私有制也就产生了，人们利用和开发自然界的能力也随之增强。内陆与沿海、国内与国外之间的贸易往来日渐紧密和不可分割，有了物质前提才能制作航海工具；有了额外产品才能发展贸易。人类海洋文化史的进程大体是紧跟生产力的发展步伐的，古代世界生产力水平的不断提高也为航海能力和贸易能力的增强提供了物质基础。东亚大陆气候适宜、土地平坦、树木茂盛，为古代造船业和海外航行提供了所需木材。同时该地域众多的内陆河流也为航海业的发展提供了较好的经验积累。15～17世纪欧洲的船队出现在世界各处的海洋上，是谓"地理大发现"。自此，人类社会的发展方向由大陆转向海洋，促进了西方的兴起与发展。但由此得出的欧洲中心主义论调，却是值得我们警惕的，欧洲中心主义认为海洋代表西方、现代、先进、开放，大陆代表东方、传统、落后、保守，并以此取得话语的霸权，支配海洋史研究的主题领域，标榜海洋文化是资本主义的专利，这实际上是西方为进行海洋扩张，推行海洋霸权而炮制的神话。事实上，有海洋群体活动的沿海国家与岛国，都有自己的海洋文化。海洋是人类生存发展的空间，在古代历史结构和体系中，不再只是农耕世界与游牧世界的二元结构，不能无视海洋世界的存在。古代中国海洋发展传统在海洋区域始终一脉相传，表现出顽强的生命力，具有延续性，这种历史的联结，为当代中国选择改革开放，东出海洋与世界互动的发展战略提供了可能，储蓄了能量和动力，并以东部沿海为龙头，海洋发展取向从边缘走向中心。❶

第二节　古代中国海洋文明及其发展演进

一、海洋文明与古代中国

（一）海洋文明史的内涵

在进行古代中国海洋文明史的研究之前，面临着两个问题，即"什么是

---

❶ 杨国桢.从涉海历史到海洋整体史的思考［J］.南方文物，2005，3：4.

海洋文明史"和"什么是世界文明史"。这两个问题的答案实际上并不是很容易一下就说清楚，因为这与众多的观点和主题相关。作为一个跨学科、跨区域的研究课题，海洋文明史是世界文明史的一个分支，包括航船制造、海上贸易、海洋探险、人类迁徙、海洋纷争和海军战争等诸多主题。而海洋文明史研究的基础条件，则是通过研究发生在海域或者与海洋相关的事件，因此可以为研究世界文明提供一种独特的海洋视角。世界文明史涉及的对象包罗万象，涉及政治、经济、军事、宗教、文化、哲学、历史、教育、艺术、音乐、科技等领域，几乎涵盖每一时代、每一国家，是对背景各异和价值取向各不相同的人群之间复杂活动的综合研究。在地区、国家和区域的层面上，其复杂性远远超出了历史学家从政治、宗教及文化方面所做的传统划分。

（二）古代中国与海洋

中华民族有着独一无二的海洋环境条件，更是世界海洋文明的发祥地之一。先秦时期，生活在沿海的人们为了获得生存的物质条件，直接从大海中获取可食用的贝类和鱼。考古界发现的辽宁大连小珠山遗址、浙江萧山跨湖桥文化 8000 年前的独木舟和河姆渡文化遗址 7000 年前的船桨，就是先民们涉滩捡贝和海上捕捞的很好证明。中国有漫长的海岸线和众多的岛屿，沿海地区气候温暖又十分适宜海上活动，中国的航海历史极为悠久，至少可以上溯到新石器时代。随着海上活动的实践经验不断丰富，人们对海洋环境和海上气候的认识也不断加深，逐步认识到洋流流向、潮汐变化等自然现象，从而改进生产和生活工具，拓宽活动范围，如海上航行、海外贸易和海洋交往等。这些原始的海洋活动，即人们最初的海洋生产和生活实践就是海洋文明的发端，而初始的中华海洋文明史，也是伴随着沿海而居的人们的涉海生产和生活实践应运而生的。

秦朝统一中国后，华夏文明已经从中原开始向中北部和东南海洋区域扩张，海洋文明的进程在与农耕文明的交互影响中缓慢发展并相互融合。随着人口迁移和经济重心的南移，鲁、江、浙、闽、粤等沿海区域的海洋经济发展呈加速趋势，在此基础上形成的经济政治形态和社会文化生态初步构成了中国海洋文明的轮廓。在中国海洋文明发展变迁的过程中，东南沿海省份的海洋文明的历史演变是一个重要的观察视角。东南沿海的省份，大都存在资源贫乏、人多地少的困境，于是沿海居民纷纷下海，通过海洋资源开发与海洋贸易拓展以获取粮食、食盐等生活与生产资料，以港口和贸易线路为纽带，寻求近海与远洋运输以实现商品交流。中国近代海洋文明在西方文明侵入下经历了从被动到主动的发展过程，它在与农耕文明同步转型并在借鉴欧美海洋文明发展经验的基础上最终形成了当代中国海洋文明演进的独特轨迹。❶

海洋的兴衰与文明的兴衰有着微妙的联系。古代中国文明与海洋文明是一种相辅相成、共同繁荣的关系，在王朝统一时期，对海洋的探索变得频繁和主动，而王朝动乱时期，对海洋的探索则会萎缩甚至中断。在统治阶层看来，选择保守的"城墙"似乎比冒险的"海洋"更加牢靠，这是一个"正确选择"，因为在他们看来，古代中国文明是由农耕文明和游牧文明发展而来的。当然，这并不意味着海洋与古代中国文明没有关系，实际正如前文指出那样，古代中国早在远古时期就产生了海洋活动，至秦朝统一中国后，秦始皇更是多次派船队寻找仙药，甚至到达了日本的九州岛，汉武帝也10余次涉海出行，而后到了唐朝，中国文明到达了世界的顶峰，中国商人的身影开始在世界上的各条航线上出现，宋元时期有独步世界的造船技术和贸易港口，明清时期有郑和下西洋、郑成功收复台湾的壮举，这些海洋实践都是在封建王朝稳固之后进行的。古代中国在海洋上的成就和崛起与鸦片战争后中国在海洋上的衰败和落后，应当看作是当代中国建设海洋强国的历史依据和现实需要。21世纪是海洋世纪，世界全球化日益加速、国家现代化建设蓬勃发展，要求我们更加重视海洋文明发展，更加注重海洋强国建设，客观而准确界定、厘清海洋在中华民族伟大复兴历史进程中的地位、意义，传播好中国声音，讲好中国故事，推广好中国智慧，都需要中国海洋文明发展史的理论支撑。

二、古代中国海洋发展的历史演进

中华民族的兴衰与海洋密切相关，中国从站起来、富起来到强起来的过程中的主要压力也来自海洋。习近平总书记指出："历史经验告诉我们，面向海洋则兴、放弃海洋则衰。""抚今追昔"，重陆轻海甚至放弃海洋的历史时期皆国运艰难。长期以来，中国始终坚持用和平、谈判的方式解决海域

---

❶ 孙善根.浙江近代海洋文明史（民国卷）第二册［M］.北京：商务印书馆，2017：1.

争端，寻求和扩大共同利益的汇合点。李红岩教授认为中国海洋文明演进可划分为四个阶段。一是东夷百越时代，即海洋文明兴起，以齐、越为代表，中国海洋文明与古希腊海洋文明同时起步，成为世界海洋文明的发祥地之一。二是传统海洋时代，即秦汉统一，直到明朝郑和下西洋，中国传统海洋文明处在上升阶段。在这 1500 多年的传统海洋时代，可划分为发展期和繁荣期，创造了亚洲和平和谐、互补共赢的文明模式和文化传统，海上丝绸之路臻于鼎盛。三是海国竞逐时代，即从郑和七下西洋终止到 20 世纪中叶新中国成立，是中国海洋文明从传统向现代转型、跌宕起伏的阶段。此时，中国海洋文明虽存在向近代转型的机遇，但海洋发展在封建王朝力量的压制下裹足不前，此后更受锁国禁锢，艰难前行，趋于衰败。四是重返海洋时代，即新中国成立后，逐渐改变重陆轻海观念，中国海洋文明继承传统，吸收借鉴世界海洋强国成果，走上海洋强国的复兴之路，❶ 中国的全球海洋治理方案越来越受到大多数国家和地区的认同与肯定。

杨国桢教授认为，中华文明不仅包含农牧文明也包含海洋文明。海洋文明、农牧文明共同构成了中国的古代文明。海洋文明的演进即人类拓展海洋生存与发展空间的历史进程。杨国桢教授认为，可划为区域海洋时代、全球海洋时代和立体海洋时代。中华民族在 5000 多年发展长河中，虽然有些时候或依陆弃海，或重陆轻海，但并没有将国家视为纯粹的陆地国家，也不会因缺乏海上探险的胆量而将自己绑定在平坦的黄土地和辽阔的草原上年复一年地安然劳作。从自然地理条件看，我国既是陆地大国也是海洋大国，属陆海兼备型国家。中华民族有自己独具特色的海洋观念、海洋意志和海洋道路，历史上也形成了独具一格的海洋战略。❷

2500 年前古希腊海洋学家狄未斯托克曾言"谁控制了海洋，谁就控制了一切。"19 世纪末，美国海军上校马汉在其《海权论》中同样提出了"谁控制了海洋，谁就控制了世界""所有国家的兴衰，决定因素在于海洋控制"的类似主张。这说明了海洋在国家生存发展中所具有的非同一般的重要性，甚至可以说，失去了海洋或海洋权益，就失去了一切。而黑格尔曾说，中国是一个与海"不发生积极的关系"的国家。其实，当我们将海洋文明发展和

---

❶ 李红岩."海洋史学"浅议［J］.海洋史研究，2012：3~8.

❷ 杨国桢.中华海洋文明的时代划分［J］.海洋史研究，2014（1）：3~13.

全球海洋治理放到整个人类历史发展进程中去考察时，就会发现无论是中国还是外国的统治者,其海洋文明发展的观念意识或者说海洋经济权益的意识，都是一个从模糊到清晰的过程。

靠山吃山、靠海吃海是古代中国一条经世济道的实用主义选择。经略海洋带来的巨大的经济利益、政治利益和社会利益，这是任何封建王朝无法拒绝的，而现实情况也正是这样。先秦时期的管仲在齐国依靠渔盐之利，实现强国富民，"因其俗，简其礼，通工商之业，便鱼盐之利"，❶"通齐国之鱼盐于东莱，使关市几而不征，以为诸侯利，诸侯称广焉"。❷先秦时期先辈们已经认识到利用海洋实现富国强兵的道理，主张"历心于山海而国家富"，❸强调沿海地区要大力开发海洋资源，竞相"海王之国"。因而，海洋为各朝代经济转型、社会变迁提供了务实的选择，秦汉、隋唐时期兴起和盛兴的丝绸之路，宋元时期的海外贸易和造船技术，明清时期商品经济发展和海外"贡品"入华，海洋都起了非常重要的作用。中国人的海洋观念、海洋文化、海洋道路和海洋战略也独具特色。正如杨国桢教授指出,世界历史发展进程证明，古代西方与东方的海洋国家，都有依据自己的航海与贸易传统，发展海洋经济和海洋社会的可能。由于各国向外用力程度的不同，它们的海洋发展道路、速度、水平，存在着很大的差别，形成了不同模式，在没有外部力量介入的条件下，中国东南沿海一带，也能自发地产生向海洋文明过渡的倾向。❹

三、古代中国海外交往概况

先秦时期人们的海洋活动所依托的海洋区域，包括今天的朝鲜、韩国、日本和东盟国家的海岸区域在内的环中国海，并向印度洋和东太平洋延伸。海上接触的对象，包括东亚与西亚之间不同民族的海洋活动群体，与环中国海原始文化和语言圈的互动具有延续性。"外向海洋、内向陆地"可以说是古代中国海外交往发展的主要取向，不过与陆地发展取向相比较，中国古代海洋发展取向长期处于边缘弱势地位，虽然也有个别王朝因看重海洋带来的经济政治和社会利益而实行主动开明开放的海洋政策，但总体上看，海洋发

---

❶《史记·齐太公世家》.

❷《国语·齐语》.

❸《韩非子·大体篇》.

❹ 杨国桢，郑甫弘，孙谦.明清中国沿海社会与海外移民［M］.北京：高等教育出版社，1997：1.

展的道路举步维艰。即使这样，古代中国的海洋发展取向影响也十分深远，对海岸地区和海上周边国家产生了重大的影响。中国既是东亚的大陆国家，又是太平洋西岸的海洋国家，兼具陆、海两个发展方向。这两个发展方向的对立与统一、抉择和互动，贯穿了几千年的中华海洋文明史。在研究和探寻中国古代海洋文明发展时，要从海洋视域看中国，把海洋作为中心，把握中国海洋文明发展的全局；也要正视长期以来中国传统文化是以中原为中心的、以大陆文化为基础的，即海洋文化长期处于从属地位。

英国学者李约瑟在研究中国古代航海历史后得出结论："中国人一直被称为非航海民族这真是太不公平了。他们的独创性本身表现在航海方面正如在其他方面一样。中世纪和文艺复兴时期西方商人和传教士发现的中国内河船只的数目几乎令人难以置信；中国的海军在 1100～1450 年之间无疑是世界上最强大的。"李约瑟还引用传教士李明（Lecomte）的论述："航海是显示中国人才智的另一个方面；过去我们在欧洲还不能像现在这样总会见到如此干练而又富有冒险精神的海员……有些自命博学者推测远在救世主耶稣基督降生以前中国人就已遍航印度各海域并已发现好望角。不论事实真相如何，可以完全肯定从远古以来中国人就一直有坚固的船舶。虽然他们在航海技术方面犹如他们在科学方面一样尚未达到完善的地步，可是他们掌握的航海技术比希腊人和罗马人要多得多；他们行船的安全程度也可与葡萄牙人相媲美"，可以说中华民族是世界上最早探索海洋的民族之一，中国也是世界航海文化的发祥地之一。❶

在历史上"中国沿海很少被视作一个会遭到袭击的地区"，"在不同的历史时期，中国一直有相当一部分官员反对海外冒险"。古代中国不重视海洋，反对海外冒险的原因是什么呢？林肯·佩恩的解释是：第一，中国地大物博，内陆几乎满足了所有国民的需求，同时威胁朝廷政权的很多战争（如内部政变、农民起义等）确实来自于内陆。第二，儒家思想的盛行，儒家思想安土重迁，不提倡冒险的思想根深蒂固。这种基本观点来自于公元前 479 年孔子去世之后编纂的《论语》中的两句话，"君子喻于义，小人喻于利"和"父母在，不远游，游必有方"。❷黑格尔认为海洋在世界历史中具有重要作用，

---

❶ 杨国桢.从涉海历史到海洋整体史的思考［J］.南方文物，2005：6~7.
❷ （美）林肯·佩恩.海洋与文明［M］.陈建军，罗燚英，译.天津：天津人民出版社，2017：179.

指出海洋激起了人类的勇气去超越自然。大海邀请人类从事征服，从事掠夺，但是同时也鼓励人类追求利润，从事商业。平凡的土地、平凡的平原流域把人类束缚在土壤上，并使人类卷入无穷的依赖性里边，但是大海却挟着人类超越了那些思想和行动的有限的圈子……黑格尔还以中国为例子，认为中国人为的隔离海洋，走向封闭，"海只是陆地的中断，陆地的天限，他们和海不发生积极的关系"。在黑格尔看来，正是大海给人们提供的广阔观念，也正是大海激起人们征服、超越和逐利的勇气，才使世界范围内的交往和联系成为可能，从而实现了由民族历史向世界历史的飞跃。

明清时期，对外政策由对外开放转为闭关自守，即严格限制对外交往，清政府实行闭关政策是落后的封建经济和政治发展的必然结果。而实行闭关自守政策的原因，从外部来看，是由于从明中期到清前期，中国先后遭到外国骚扰和侵略，如沙俄侵略我国黑龙江流域，倭寇侵扰东南沿海，荷兰侵占我国台湾等，为防御外国势力侵扰，封建统治者采取了消极的"闭关锁国政策"。1840 年鸦片战争后，中国人开始逐渐明白，一个占地球 71% 面积的海洋是多么的重要，于是才有了走向深蓝的梦想。正如拜占庭历史学家乔治·帕西迈利斯在《探路者：世界探险史》中所言，航海对人类而言比其他一切事物都更有用。中国在历史上似乎并不是一个以海洋为发展主线的国家，但在漫长而宽阔的亚洲海岸线上，海上贸易和移民活动虽偶有中断，却从未缺席，海洋影响并塑造着中国文化，在世界海洋文明发展的历史长河中，古代中国海洋文明发展也扮演着重要角色。中国作为四大文明古国中唯一的文明不曾中断的国家，我们未来的征途必将是浩瀚深蓝。党的十九大报告提出了"加快建设海洋强国""构建人类命运共同体"的重大发展战略，我们必须继承和弘扬中华海洋文明传统，建设 21 世纪海上丝绸之路，大力推进中国文明的现代化转型，助推全球海洋善治，从而实现中华民族伟大复兴的中国梦，为构建人类命运共同体贡献中国智慧。

本书从古代中国海洋发展的视角出发，讲述古代中国海洋文明与世界海洋文明发展历程，揭示古代中国先民如何通过海洋、河流与湖泊进行交流与互动，以及交换和传播商品、物产、文化、思想甚至宗教等。古代中国各部落、人群、民族与海洋互动过程中，是通过所及海域范围内的水路通道，不断地塑造着自身文明，也在塑造着中国历史和世界历史。本书以时间为轴，通过海洋发展的演化历程来表现整个古代中国与世界文明发展的关联性，从大洋洲的古老探险到四大文明古国的河流海洋，从地中海帝国扩张到美洲原住民的无奈衰弱，所有的历史资料和数据都证明海洋的兴衰与文明兴衰之间的微妙关系，透过古代中国海洋文明发展的历史画卷，将告诉我们海洋对于中国文明发展进步究竟有多么重要。

第二章　先秦时期的海洋发展

　　先秦时期"海洋"是一个极为重要的概念，居住在沿海的人们接触到了海洋，并对海洋有了初步的感知和认识；关于海洋或涉海生活的记载在先秦诸子的著作中也非常多见；基于对海洋认识的不同，产生的海洋观念也不同。随着人们特别是沿海区域人们的海洋生产实践的增多，人们对海洋有了更多的理性感知和认识，比如对海洋的海涛海风、地形地貌、海洋生物和海洋气象等也有了更多的了解，这为先秦时期海洋思想的形成奠定了一定基础。一直以来，中国被认为是属于内陆型国家，与海洋很少发生联系，实际上，即使在先秦时期，古代中国也与海洋发生着积极的丰富的联系，不是被动消极的与海洋发生联系。中国拥有漫长的海岸线和辽阔的海域，从北向南分别为渤海、黄海、东海、南海，古代中国具有灿烂的海洋文明，要研究先秦时期的海洋文明史，就要关注这个时期的海洋社会、海洋文学艺术，这样才能感受中华海洋文化的多样性和全面性。

第一节　先秦时期的海洋意识与实践

　　"海"的含义，东汉许慎《说文解字》对"海"的注释为"天池也，以纳百川者"，❶ "海"的本意即所有江河皆汇集于海洋，才成就海纳百川。有的地方"海"不是指真正的大海，而是一种比喻。"尔雅；九夷、八狄、七戎、六蛮，谓之四海，此引申之意也。凡地大物博者，皆得谓之海。"❷ 这里的"四海"就是一种象征比喻，同时，古代中国多用"海"来泛指"天下"，如"海内"一词就是指自然地域范围。需要注意的是，在古代中国，湖泊、

---

❶ 许慎.说文解字［M］.北京：九州出版社，2001.
❷ 段玉裁.说文解字注［M］.北京：中华书局，2013.

江河常用"海"一词代替，"中国古代对'海'的界定非常模糊，它的意思可能包含湖泊、海岛、疆域、专有地名、海岸线、国境线甚至陆地等多重含义"，这样看来，古代对"海"一词的理解比较复杂，与现代海洋的含义不尽相同。❶

　　现代意义上，海洋是地球上几乎所有水域的总称。地球表面被陆域隔开为彼此相通的广大水域称为海洋，总面积约达 3.6 亿平方公里，约占地球表面积的 71%，平均水深约 3800 米。地球四个主要的大洋为太平洋、大西洋、印度洋、北冰洋，大部分以陆地和海底地形线为界。大洋的水深，一般在 3000 米以上，最深处可达 1 万多米。大洋离陆地遥远，不受陆地的影响。人类的祖先逐水而居，只要有水流经过，必定有生命的奇迹，长江、黄河是中国的母亲河，是中国古老文明的发源地。中华民族拥有辉煌灿烂的海洋文明历史，并通过航海把先进的海洋文化和工艺技术带给了世界各地。人类文明是由大陆文明、游牧文明和海洋文明共同构成的，三者之间是彼此关联和相辅相成的。

第二节　先秦时期海洋经济社会

一、先秦时期海洋经济社会概况

　　先秦时期中国沿海区域的海洋文化内涵是相当丰富的，被称为上古时期的夏商周是中国文明社会的出现期；这一时期的海洋文化因素不断增多，人们开始关注海洋，对海洋充满恐惧，同时伴随着好奇，人们的海洋文化生活逐渐丰富，具有一定的近海航行能力，有了朴素的海神信仰与崇拜，并开发与管理近海海洋资源等涉海生产生活实践活动。至春秋战国时期，人们的海洋认识进一步提高，达到了新的高度，航海能力大为增强，沿海诸侯国之间海洋战争开始出现，人们的海洋意识更加突出，涉海生活更加丰富。

　　远古海洋经济社会是早期人类社会的重要组成部分，海洋经济社会主要是依赖沿海区域族群基于海洋、海岸带、岛礁形成的区域性人群生活共同体，并共同进行开发沿海资源和依赖海洋空间而进行的生产生活实践。实际上，

---

❶ 孙方一.论秦汉时期海洋管量［J］.南海学刊，2017（1）：105.

海洋经济社会是一个复杂的系统，包括人海关系、海洋交通、涉海生产生活以及在这一过程中形成的人海关系、人际关系。陆地与沿海、国内与国外之间的贸易往来日渐紧密，水乳交融，原始社会末期部落与部落之间、族群与族群之间以及人与人之间有了物物交换，从而使得涉海实践有了初步的物质基础，比如人们就可以制作航海工具，把额外的物品带到近海或远海地区进行交换，这或许就是海洋贸易的雏形；随着生产力的不断提高，人们利用海洋能力的增强以及涉海活动能力的提升，物品交换的需求也随之增大。

在中国台湾岛和海南岛，先秦时期就生活着一定规模的岛屿社会群落；需要指出的是，春秋战国时期的舟师、海盗群体也可以称作是古代中国沿海独特的社会群体，舟师群体是海上军事力量，担负着一方海洋防卫的任务，海盗群体则是社会阶层矛盾加剧出现的产物，战国末年战乱频繁，人们受到的压迫愈加严酷，越来越多的自由农民和奴隶逃亡海滨或海上，遂成为海盗；古代中国早期海洋族群的流动是变化发展的，也是全方位的，有内陆向滨海、海岛地区的迁徙，如有先秦时期从内陆向东南沿海海滨的人群迁移，有从内陆向台湾岛以及海南岛的迁徙等，也有向海外迁徙的早期先辈，他们迁往海外，并生存下来，这就出现了早期的中国海外移民，据说中国海外移民最早出现在商朝。

生产力决定生产关系，经济基础决定上层建筑。古代中国海洋文明的进程是和生产力发展程度紧密联系在一起的，古代中国生产力水平的相对进步也为涉海实践和海外贸易提供了物质基础。古代中国沿海地区、东亚大陆沿海属亚热带季风气候或热带季风气候，水深岸长、气候温暖、土地辽阔、地形平坦、树木茂盛，这为古代海航和造船业提供了条件，同时该地域河流众多也为航海业的发展提供了较好的经验积累，先秦时期正是因为沿海地区拥有漫长的海岸线、众多的岛屿和有利的沿海气候，这一地区的涉海实践和海上生产才冒险刺激、充满活力和丰富多样，如山东沿海海岸线漫长，三面环海濒临黄、渤海沿岸，有20多处天然港湾、近300个近陆岛屿，优越的地理条件非常有利于开发利用海洋资源和海上运输，形成了独具特色的海洋传统，先秦时期生活在山东沿海的居民已经与海洋发生了联系，在渤海、黄海沿岸发现了许多"贝丘遗址"，说明当时山东沿海居民已经知道"靠海吃海"的道理，并且有了海神信仰和崇拜。

同时，先秦时期，人们的海洋科学认知也是比较广泛的，对海洋气象和海洋水文已经有了初步的认识,对台风和龙卷风等海洋风暴的认识有所增强,并能够用形象的语言描绘海市蜃楼,对海洋潮汐和海水盐度已不再陌生,对海啸、海潮等海洋自然异常现象,有比较朴实的认识;先秦时期人们还对海洋鸟类、海洋爬行动物、海洋鱼类、海洋软体动物和海洋藻类等海洋生物,都已有了一些认知,对这些海洋生物的物种类别、生长发育、生态习性、区域分布等方面,均有了较为细致的观察和思考,体现了一定的科学认识水平。

二、先秦时期海洋渔业开发

原始社会,生产力极端低下,先民谋生的一项重要手段是捕鱼,如用长木、尖石击鱼,捕获而食之,应是常有之事。在新石器时代已经有了一些渔业生产工具,如鱼钩、鱼叉等。在沿海地区特别是在位于山东半岛的齐国,海洋渔业发展已有初步成效,捕鱼船只、工具和技术一应俱全。正如生产工具是生产力的重要标志一样,渔具是当时渔业捕捞水平的主要标志。当时的齐国是海洋大国,航海能力突出,造船工艺技术较先进,渔船在海洋捕捞中广泛使用,海洋经济社会发展较快。

随着社会生产力的不断发展,古代中国海洋渔业、盐业开发水平逐渐提高,人们对海洋资源的需求逐渐加大,对海洋的开发利用愈加迫切,特别是对海洋渔盐资源的需要更加迫切。春秋时期的齐国濒临渤海湾、莱州湾,自然条件十分优越,水产资源十分丰富,得益于濒临大海的自然地理以及统治阶层的发奋图强,齐国因地制宜,开拓海洋空间,齐国的工商业、海洋经济得到全面振兴。钱穆指出,各地的文化精神不同,研究它产生的根源最先还是由于自然环境的不同,影响其生活方式,再由生活方式影响到文化精神,并指出人类文化由源头来看大致分为三型:一游牧文化,二农耕文化,三商业文化;游牧文化发源在高寒的草原地带,农耕文化发源在河流灌溉的平原,商业文化发源在滨海地带以及近海之岛屿。❶齐国还设有专门的官员来管理齐国的渔业生产,并提出"通商工之业,便渔盐之利"的经济发展计划,这一计划促进了齐国的渔、盐业的发展。令人印象深刻的是,管仲推行了大刀阔斧的改革,改革倡导平民平时从事采伐枯柴煮海水制盐,并由政府统一收购,提出"官山海"政策,国家对"盐、铁"实行专卖,这大大调动了劳动

---

❶ 钱穆.中国文化史导论[M].上海:上海三联出版社,1982.

群众的生产积极性，促进了齐国海盐业和海洋经济的发展，使齐国成为春秋战国的强国之一。

三、先秦时期海洋交通运输

"逐水而居"是原始先民为生存生活的自然选择；"循海岸水行"则是人类早期一种便利的、易于识别方向的交通方式，实际上，在使用指南针之前沿海而行是一条安全便利的通道。先秦时期，海洋交通已经出现了，产自于沿海区域的海洋物产通过长江、淮河流域进入中原。春秋战国时期，海洋交通得到了长足的发展。新石器时代，我国黄河流域一带，产生过著名的仰韶文化和龙山文化；考古证实，在使用新石器的原始社会，我们的祖先便已发展了对中国台湾地区及其他许多沿海岛屿的海上交通，而山东半岛和辽东半岛之间的海上交通，在当时已经充分建立起来。《诗经·商颂》在追颂商汤的祖先相土时，有"相土烈烈，海外有截"❶的赞颂，"截"是治理和整齐的意思。西周时由今浙江东部直通江苏东北部或山东半岛北面的海上交通，有了文字记载。

春秋时代(公元前 770 年～公元前 476 年)，海洋交通比以前有了明显的发展。在我国海上交通事业中占最重要地位的，北方为齐国，南方为吴、越两国。春秋末年孔子 (公元前 551 年～公元前 479 年)，曾想"乘桴浮于海"。❷ 春秋战国时期，地处沿海的齐国，已是以渔盐之利为立国之本；吴国是一个"不能一日而废舟楫之用"的国家，❸ 春秋时吴、楚两国常用水军交战。他们的航海实力，远远超过夏商与西周，这时航海活动范围比前代扩大了许多，形成了一些沟通诸侯国之间的航线。战国时，随着造船和航海技术的发展和提高，甚至开辟了一条直达日本北九州的航线。中国古文献中最早记载过日本的，是战国时期成书的《山海经》。在《山海经·海内北经》盖国条上说："盖国在距燕南，倭北。倭属燕。"据注释，"盖国"实际是指日本列岛，而关于西周和日本及南方的越裳有了海上交通之传说的最早记载是"周成王时越裳国献白雉"。❹

---

❶ 《诗经·商颂·长发》，朱熹集注《诗集传》［M］.上海：上海古籍出版社，1980.

❷ 《论语·公冶长》.

❸ 顾栋高.《春秋大事表》卷 33.

❹ 章巽.我国古代的海上交通［M］.北京：商务印书馆，1986.

第三节 先秦时期海洋航行和造船业

一、先秦时期的造船业与航海技术

先秦时期，人们展现出了海洋航行方面卓越的制造能力。《易经·系辞》中记载，"黄帝、尧、舜垂衣裳而天下治……刳木为舟，刻木为楫，以济不通，致远而利天下"，意思是说黄帝、尧、舜向人们广泛推广穿衣着裳，因而国家治理得太平安定，……挖空树木做成船，削切木头做成桨，船与桨是用来渡过无法通过的江海，制作舟船来改善当时交通不便利，到达远方以有利于天下。《管子》中有"渔人之入海，海深万仞，就波逆流乘危百里，宿夜不出者，利在水也；故利之所在，虽千仞之山无所不上，深源之下，无所不入焉"，大意是说，渔人下海，海深万仞，在那里逆流冒险，航行百里，昼夜都不出来，是因为利在水中，所以，利之所在，即使千仞的高山，人们也要上；即使深渊之下，人们也愿意进去，表明当时渔人出海捕鱼已经用渔船航行。《诗经》当中记录了当时舟船类型及其制作材质多样。如《柏舟》中有"泛彼柏舟，亦泛其流"，《竹竿》中有"淇水滺滺，桧楫松舟"，《菁菁者莪》中有"泛泛杨舟，载沉载浮"，❶表明当时人们开始用多种树木材料制作舟船，并能够适时地应用于涉海交通和捕鱼作业。《诗经·长发》中有"相土烈烈，海外有截"，❷歌颂了商汤相土勇猛有为，开创辉煌业绩，使得海外之人也纷纷臣服，疆土拓展海外，说明古代中国先人已经可以通过海洋交通与海外进行交流甚至出现征战行为。

"见窾木浮而知为舟"，可以看作是中国的造船事业发端。从浙江萧山跨湖桥遗址出土的独木舟算起到现在已有近 8000 年的时间，造船业的历史非常悠久。在大禹治水的时代，人们就能造船出航，商朝时，船已是作战工具。原始早期的渡水工具的发明，可能是受到落叶漂浮水面的启示。实际上，独木舟是新石器时代早期的产物，要比传说中的黄帝时代早得多。新石器时代，是以磨制石器和烧制陶器出现为特征的。摩尔根的《古代社会》

---

❶ 周振甫.诗经译注［M］.北京：中华书局，2002.

❷《诗经·商颂·长发》，朱熹集注《诗集传》［M］.上海：上海古籍出版社，1980.

中写道"燧石器和石器的出现早于陶器,发现这些石器的用途需要很长时间,它们给人类带来了独木舟和木制器皿,最后在建筑房屋方面带来了木材和木板。"出土的文物证明,独木舟是在新石器时代应用火和石斧的技术基础上,经过远古诸多先民在漫长岁月的实践中逐渐形成的。据理而论,有桨必有舟,独木舟在这一地区形成于8000年前或更早,也大概可以成为定论。春秋战国期间,由于地理条件差异明显,因而中原战争多用战车,而沿海特别是东南沿海争霸则以舟船为主,如吴、越之争,战船是重要的作战武器。战争的需要,助推了造船业的发展,也促进了船型样式的多样。中国历史上的第一次水战,是公元前549年夏,楚康王以舟师伐吴。吴、越之间的争夺,水战也很频繁;吴国的战船有大翼、中翼、小翼三种,作为军事用途的船舶,船体修长,前行速度快,顺水情况下,50名桨手奋力操桨,则可行驶如飞,战国水战与战船所用武器,在类型和形式上与当时战车所用者相同;指挥系统有战旗立于船首,而指挥水战的将领则站在鼓架后面,击鼓鸣金以节制舟师的进退;指挥的位置设在尾部,较能避开敌方武器的攻击;当时的战船大翼,全船的93人中,桨手就有50人,船头船尾操驾3人,由此可见,驾船人员几近三分之二。❶

二、先秦时期海洋航行及交流

(一) 先秦时期海洋航行

先秦时期人们已经开始了对海洋地貌、海区划分等的认识,甚至海上导航也得以应用。如对海上地貌的认识,表现为先秦先民对海岛的认识及一般性命名,对海区的早期划分方面,先秦和秦汉时期的人们已经对渤海、黄海、东海和南海这些海区的不同有所认识。古代中国的海航历史极为悠久,甚至可以追溯到新石器时代。考古界发现的辽宁大连小珠山遗址、浙江萧山跨湖桥文化8000年前的独木舟和河姆渡文化遗址7000年前的船桨,就是先民们涉滩捡贝和海上捕捞的很好证明。浙江沿海的河姆渡文化与黄海之滨的龙山文化,海洋特征则十分明显。公元前5000年黄河流域的彩陶文化、东海的黑陶文化已传到我国台湾和其他岛屿,说明远在新石器时代可能已

---

❶ 章巽 . 中国航海科技史［M］. 北京:海洋出版社,1991.

有了对中国台湾地区及其他岛屿的海上航行与交流。早在夏、商、周时期，中国开始了有目的、有组织的较大规模的航海活动。《竹书纪年》记载帝芒"东狩于海获大鱼"，《尚书·立政》有"方行天下至于海表"的记载，《庄子·秋水》记载了"望洋兴叹"的成语，春秋战国时期已经有了海上运输与海上作战的记载，都反映了古代中国先民对辽阔海洋的认识与实践。

　　远在新石器时代，除已经开辟了的对中国台湾地区及其他许多沿海岛屿的海上交通，也发展了山东半岛和辽东半岛之间的海上交通；在夏、商、周三代，渤海、黄海、东海和南海上的海外交通得到了发展。春秋战国时期，随着沿海诸侯国家的出现，这一时期的海洋交通获得了全面的发展。海洋交通的出现和发展，是以造船技术和造船业的出现与发展为前提的，早在龙山文化时期的登州文化，就在朝鲜和日本都有传播。周武王时期，"箕子不忍商之亡，走之朝鲜"，武王闻之，即"封箕子于朝鲜"，箕子在朝鲜，"教其民田蚕织作"，养蚕技术已传之朝鲜。说明当时对朝鲜和日本列岛已不是一般的了解。事实证明，秦汉以前，养蚕和丝绸已经传播到朝鲜和日本，多是齐燕人侨居朝鲜带过去，后来又渡海到日本的。山东半岛的齐人从登州海角泛海去朝鲜，带去了丝织技术；后来在朝鲜的中国人，有不少移居日本的，这些大陆移民，其意义"特别显著的是他们于（日本）养蚕丝绸事业的发展所作的贡献"。❶ 而与朝鲜海外交往在春秋战国时期就开始了，如齐国与朝鲜的海上往来就存在了。古文中记载齐桓公问管子："吾闻海内玉币有七策，可得而闻乎？"管子对曰："发、朝鲜之文皮，一策也"，这是关于与朝鲜海外交流的最早记录。齐国发达的海路交通和航海技术，满足了近海航行的需要，甚至远航至东南地区，这些远航归来的冒险者带回了扑朔迷离的海外传说，诸如最为众人所知，也最为著名的"蓬莱仙话"。《山海经·海内北经》载："蓬莱山在海中，大人之市在海中"，"大人"指的是仙人，描述了大海中有不老不死仙境。"蓬丘，蓬莱山是也，对东海之东北岸，周回五千里，外别有圆海绕山；圆海水正黑，而谓之冥海也"，❷ 由此，海外仙山中有关蓬莱仙话就在先秦齐人当中流传开来。

---

❶（日）木宫泰彦.日中文化交流史［M］.北京：商务印书馆，1980.

❷ 袁珂.山海经校注·海内北经［M］.上海：上海古籍出版社，1980.

（二）早期中国人东渡日本 ❶

有关日本列岛的早期移民，有学者认为，中国杭州湾地区的原始文化曾经经过海路输入日本，在日本弥生时代，中国吴越地区的早期居民就从海路到了日本，成为日本的稻作民。这可看作早期中国人东渡日本的表现。多种物证表明，在距今 3 万年前的旧石器时代晚期，中国大陆与日本列岛之间，因第四纪冰期海面下降等原因，曾以"陆桥"相连，大陆上的古人类与古生物由此可迁徙到日本。考古材料表明，以河姆渡及其后继者为代表的杭州湾及其周边地区文化的若干因素，在日本史前时代均有所反映。如绳纹时代（或称新石器时代，距今 8500 年到 2300 年，以绳纹陶器为标志）的玉块、漆器、夹炭黑陶（含纤维陶器）以及稻作的萌芽和拔牙习俗，弥生时代（或称金石并用时代，距今 2300 年到 1700 年，以弥生式陶器为标志）及其以后的长脊短檐栏式建筑，都可从杭州湾地区的原始文化中找到渊源关系。

根据历史文献记载，中日之间的海路交通始于汉魏时期，更早的情况尚不清楚。然而，汉魏时期杭州湾的干栏式建筑已基本绝迹，那么它同日本的交往应当更早。特别是结合绳纹时代的玉块、漆器技艺与稻作萌芽来看，杭州湾地区与日本之间的联系，应该在新石器时代就已经开始。现以考古材料为依据，在分析杭州湾及周边地区原始文化对日本影响的基础上，论证杭州湾及周边地区原始居民及其继承者由海路东渡日本的可能性以及航海路线。

第一，杭州湾地区的原始文化对日本的影响。首先是稻作农耕经济，中国是世界农耕起源中心之一。中国稻作农耕以杭州湾及其周边地区为最早，而且稻类作物的遗存也最集中。考古学与古文献中的有关材料，可以证明杭州湾地区是稻作农耕的起源地和发达的中心。❷ 20 世纪 90 年代，中国水稻研究所汤圣祥、日本国立遗传所佐藤洋一郎与浙江省博物馆俞为洁合作，利用电子显微技术对河姆渡出土的炭化稻谷进行了显微结构研究，发现炭化稻谷中有个别普通野生稻的谷粒，这给稻作起源于杭州湾地区说，

---

❶ 王心喜.杭州湾地区原始文化海路输入日本论［J］.文博，2002（2）.
❷ 王心喜.从出土文物看浙江省的原始农业［J］.浙江农业大学学报，1983（4）.

提供了有力的支持。❶ 目前，杭州湾地区发现的有关史前时期的稻作遗存，是我国原始稻作遗址最多、最集中的地区，包括炭化的稻谷、稻米、陶片上的稻谷印痕，甚至还有用稻壳、稻秆作为陶器的羼和料。发现地点有 20 余处，主要包括浙江余姚河姆渡、萧山跨湖桥、宁波八字桥、桐乡罗家角、杭州水田畈、吴兴钱山漾、江苏无锡仙蠡墩、南京庙山、吴县草鞋山、上海青浦崧泽和马桥、江西修水跑马岭、萍乡新泉和赤山等遗址，其中河姆渡、罗家角和跨湖桥遗址，是中国迄今为止规模最大、年代最早的史前遗址，距今 8000 年到 6000 年。其他遗址包括马家浜文化、崧泽文化与良渚文化等，时间为距今 6000 年到 4000 年。总之，可以说杭州湾地区的稻作文化遗址，是目前世界上发现的最早的地区之一。❷

古代日本的农耕经济，即以水稻种植为主的农耕生产，一般认为是从弥生时代开始的，也有不少人主张绳纹时代已有。绝大多数日本学者认为，日本的水稻生产渊源于大陆系统的农耕文化。❸ 松尾孝岭博士等学者对已发掘的稻谷、稻米和稻谷压痕进行了研究，结果表明，弥生时代日本种植的稻谷，同杭州湾地区发现的稻谷极其相似。综上所述，日本早期文化受到该地区原始文化的影响，是毫无疑问的。这是航海移民的产物。这种影响从河姆渡文化和绳纹文化时期便已经开始。当然，这种交往不是一次完成的，河姆渡文化及其后续者，都在连续不断地进行。

第二，杭州湾原始居民东渡日本的航线。文化的传播，一般只有两种形式，一是直接传播，即由甲地文化的成员通过某种途径，直接将甲地文化携带至乙地文化区域（包括尚无文化的区域）之中，这样，在乙地文化区域中就会出现甲地文化器物。同时，甲地文化的成员，也会将乙地文化的先进因素带回本地，加以借鉴、吸收，甚至改造成为甲地文化的新形式。这便是第二种传播形式，即间接传播。但是，不管是直接传播，还是间接传播，都要有一个先决条件，即甲地文化必须到达乙地文化的区域，而到达的途径，也必是甲、乙两地的人们相互交流。杭州湾及其周边地区原始文化在日本列岛的出现，应属于第一种传播形式，即由河姆渡人及其后继者经海路，直接携带、传播至日本。

---

❶ 陈旭钦，黄勉免.中国河姆波文化国际学术讨论会综述［J］.文物，1994（10）.

❷ 蒋乐平，等.浙江发现早于河姆渡的新石器时代遗址［N］.中国文物报，2002-2-1.

❸ 蔡风书.中日交流的考古研究［M］.济南：齐鲁书社，1999.

那么，杭州湾地区的原始居民，有东渡日本的航海能力吗？答案是肯定的。翻开今天的地图就可以看到，日本列岛与中国大陆被烟波浩渺的大海所隔断。海洋固然起着阻隔作用，但也为人类的交通联系提供了方便。"因为远程交通每多经由海道反而更加容易，即使在远古海上交通也一定格外方便，而且很频繁"，❶ 初听起来，仿佛只是空想，不可思议；但如果了解了杭州湾原始居民的航海能力，了解了海流和内河的变化规律，这一疑问便会迎刃而解了。考古发现表明，新石器时代杭州湾先民的海上活动已经较为频繁。河姆渡遗址濒临今天浙江姚江，距离东海沿岸只有数十千米。据考，今天的百官（属上虞市）——浒山（属慈溪）——镇海公路以北的近海平原，当时尚未成陆，所以当时的海岸线离遗址很近。多水的地理环境，为原始居民向海洋进军，提供了极为方便的条件。此外，从河姆渡遗址出土的大量鱼骨来看，原始居民以捕捞为业，已经可捕到深水中的海洋生物如鲸鱼、鲨鱼以及喜在滨海口岸附近生活的鲻鱼和裸顶鲷等，这说明河姆渡先民已掌握了远海操作的能力。舟船是经过改造了的较为先进的木船了。《左传·哀公十年》说，当时吴国能造长 1 丈、阔 1.5 丈，载官兵水手 90 人的"大翼船"。《吴越春秋》载，越王勾践迁都琅琊，曾动用"戈船"300 艘，兵士 8000 人，而且已能制造"楼船"，❷ 吴、越两国在当时已能制造如此巨大的船舶，组成船队，航行海洋，北上争霸。这需要千百余年长期实践和航海经验的积累。因此，生活在杭州湾一带的原始居民完全有可能"是世界上最早尝试去征服海洋的民族之一"。❸

由此可见，中日文化交流史并非如文献所载始于汉魏时期。古代中日之间的海路交通，从河姆渡文化和绳纹文化时代起就已经开始。譬如，距今 3000 年左右，玉块、漆器一类的佩饰和器物便东传日本；稻作农耕输入日本，当在两三千年前的弥生文化以前的绳纹文化晚期，约在中国的商周时期。与此同时，干栏式建筑、拔牙习俗等杭州湾地区原始文化因素也随之传入。近年在舟山市马岙乡的古文化遗址，挖掘出大量印有稻谷壳痕迹的新石器时代陶片。这一现象表明，至少在 5000 年前，"我们祖先就已在此定居并种植大量的水稻"，为"日本水稻种植技术可能是从中国江南地区经过舟山群岛传

---

❶ （日）木宫泰彦.日中文化交流史［M］.北京：商务印书馆，1980.

❷ 《越绝书》卷 10.

❸ 董楚平.长江下游古越文化的广泛影响［N］.人民日报（海外版），1990-10-10.

入这一学术观点，提供了有力的佐证"，因此"舟山群岛可能就是古代中日文化传播的中转地"。❶ 20 世纪 40 年代出版的美国海思、穆恩等合著的《世界通史》曾断言："中国人自古不习于航海"，❷ 而事实恰恰相反，勤劳、勇敢和智慧的中国人民自古就习于航海，并由沿海航行逐步发展为远洋航行，这正如英国的中国科技史学家李约瑟所说，"中国人被称为不喜航海的民族，那是大错而特错了"。❸

春秋末期，临海的楚、吴、越等国有了用于作战的舟师。这三国之间，常于海上作战。众所周知的吴大夫徐承率舟师攻齐，与齐水师会战于琅琊海域，但齐水师实力明显强于吴舟师，吴大败。琅琊海战是古代中国有记载的最早的一次海战，也被认为是世界历史上有籍可查的最早海战。❹ 黑格尔在《历史哲学》中认为，大海给了希腊人无定而又无限的观念，人面对大海最需要的就是征服大海的勇气，因为可通过大海去寻找新的陆地、追求利润，平原把人束缚在土地上，使人产生无穷的依赖性，大海让人走出原有圈子去冒险，目的是获利，这一矛盾冲突可能就是海洋带给人类的永恒魅力所在。

第四节　先秦时期的海洋科学认知 ❺

在先秦和秦汉时期，人们的海洋科学认知水平，从无到有，从少到多，以至达到了今人难以想象的高度。人们对于台风和龙卷风等海洋风暴的认识已经产生，并开始把对季风规律的认识应用于航海，对海市蜃楼予以描绘和解释，对于海洋潮汐和海水盐度的认识也已经达到了一定的程度；人们对海上地貌和海底地貌已经进行过不少描述，对沿海的渤海、黄海、东海和南海这些海区进行了初步的划分；战国时期邹衍提出的大九州说，是典型的早期海洋型地球观；人们已经具备了应用天文航海的经验与知识，人们对海洋生物已有了较为丰富的认识，并进行了较为广泛的海洋资源开发利用。

---

❶《文汇报》17212 号.

❷（美）海思，穆恩，威兰.世界通史（上册）［M］.北京：大孚出版公司，1948.

❸ 胡菊人.李约瑟与中国科学［M］.中国香港：时报文化出版社，1997；王心喜.杭州湾地区原始文化海路输入日本论［J］.文博，2002（2）.

❹ 王传友.海防安全论［M］.北京：海洋出版社，2007.

❺ 曲金良.中国海洋文化史长编（先秦秦汉卷）［M］.青岛：中国海洋大学出版社，2008.

一、先秦时期海洋气象和海洋水文

海洋占候的产生。❶ 在中国沿海地区，先民们在长期的海洋实践中，对海洋气象和海洋水文的变化产生了一定的认识，海洋占候即是这些认识的重要表现之一。中国古代占候事业十分发达，海洋占候也随之发展。这一方面是生产和军事活动的需要，另一方面也与作为原始信仰的迷信活动有关。

殷商甲骨卜辞中，有关风雨、阴晴、霾雪、虹霞等天气状况的字占有相当比例。《甲骨文合集》中，气象设有专类。甲骨卜辞中，求雨的记载不少，天晴或天雨的卜辞也很多。这反映了当时已有"不仅希望能预报，并且盼望能对天气有所控制"❷的意识。

西周时，天气预报有了发展，《诗经》中记载有多种预报方法：有以星月位置预测风雨的，如"月离于毕，俾滂沱矣"❸等。

春秋时期占候有较大发展。《孙子兵法》中即提出风的利用，如可占据上风方向，确定攻击敌人时间，并总结出了"昼风久，夜风止"❹的规律，以用来预测风情。老子《道德经》又总结出"飘风不终朝，骤雨不终日"❺的规律。战国和西汉时出现的成书于春秋时期的《禽经》《师旷占》《杂占》等，均包括天气预报方法。后世《论衡·变动篇》《孔子家语·辨证篇》等也有记载。战国秦汉时的天气谚语已比较丰富。《汉书·艺文志》"天文类"提到有关海洋气象的《海中日月慧虹杂占》有18卷，这说明海洋气象预报已有了相当的发展。

从上面的分析可以看出，早在殷商时期，人们已经对天气状况有了一定的认识，到了春秋战国时期，天气谚语等天气预报已经获得了较大的发展。当然，这一时期还未见到专门的海洋天气预报。西汉时期已产生了海洋气象预报的现象，但乏于记载，详情很难得知，只表明海洋占候的产生。海洋占候从一般的占候中独立出来，据现在我们掌握的情况看，是宋、元时期的事，这与唐、宋时期中国航海事业的巨大发展对海洋气象预报提出越来越高的要求有很大关系。

❶ 宋正海，郭永芳，陈瑞平.中国古代海洋学史［M］.北京：海洋出版社，1986：150~152.

❷ 刘昭民.中华气象学史［M］.中国台湾：台湾商务印书馆，1980.

❸ 《诗经·小雅·渐渐之石》.

❹ 《孙子兵法·火攻篇》.

❺ 《老子》第19章.

二、早期对海洋风暴及海洋季风的认识 ❶

海洋风暴及海洋季风是人们认识海洋气象中的重要内容，这种认识早在先秦时期就出现了，到了秦汉已经得到了初步的发展。

早期对海洋风暴的认识。海洋风暴是我国近海主要灾害性天气，古代尤甚。古代海船抗风浪能力很差，"大海之中，台飓一至，挟樯覆舟，而人牲命随之。" ❷风暴特别是台风又在中国沿岸造成巨大的海啸。中国的海啸主要是风暴海啸。海啸给中国古代沿海地区带来一次次严重的灾害。对此，我们可以从古代人们对大风的认识说起。甲骨文中提到大风的字不少，可见我国早在殷商时已十分注意风暴及其危害。

最早详细描述的一次风暴是在周初。《尚书·金滕》：

"既克商二年，王有疾，弗豫。…武王既丧，管叔及其群弟乃流言于国。……周公居东二年……秋，大熟，未获，天大雷电以风。禾尽偃，大木斯拔，邦人大恐。王与大夫尽弁，以启金滕之书。乃得周公所自以为功代武王之说。……王执书以泣，曰：'其勿穆。昔公勤劳王家，惟予冲人弗及知。今天动威以彰周公之德。惟朕小子其新逆。我国家礼亦宜之。'王出郊，天乃雨，反风。禾则尽起。二公命邦人，凡大木所偃，尽起而筑之，岁则大熟"。

此记载虽迷信附会"天动威以彰周公之德"，以宣扬周公为国愿代武王死的这段史实，但也真实而详细地描述了一次大风。❸这次大风是一次台风。这是因为台风可以深入内地，也偶有到达今河南省的。"秋，大熟，未获"，说明是秋季台风季节。先是"天大雷电以风"而无雨，后来"天乃雨，反风"。这是台风的证据。风暴过程中，风向发生反向变化，是气旋的重要特征。由"天大雷电以风"至"王出郊天乃雨，反风"，可见风暴过程持续了较长一段时间，所以并非一般的热雷雨、锋面雷雨、飑线雷雨，而是台风雷雨。《竹书纪年》："成王元年，武庚以殷叛，周文公出居于东。成王二年，奄人、徐人及淮夷入于邶以叛。秋，大雷电以风，王逆周文公于郊，遂伐殷"。❹这一史料更进一步证实《尚书·金滕》中所记述的周初这场大风暴的真实性。

---

❶ 宋正海，郭永芳，陈瑞平.中国古代海洋学史［M］.北京：海洋出版社，1986：157~159.

❷ （清）吴震方《岭南杂记》.

❸ 刘昭民.中华气象学史［M］.中国台湾：台湾商务印书馆，1980：18~19.

❹ 《竹书纪年》卷下.

《庄子》中几次提到大风。《庄子》曰："大块噫气，其名为风，是唯无作，作则万窍怒号"，❶有大鹏"翼若垂天之云，搏扶摇羊角而上者九万里"。注家认为："风曲上行若羊角"。❷这可以看做是中国古代龙卷风的最早记载。

班固（32~92年）《答宾戏》记有："风飚雷激。……"唐代吕向注曰："飚，急风也"，❸这又是一种大风。风大风小，以至能否造成灾害，主要在于风速。古代对此也早有研究。晋代苗昌言《三辅黄图》记载："汉灵台，在长安西北八里。汉始曰清台，本为候者观阴阳、天文之变，更名曰灵台。"郭延生《述征记》载，长安宫南有灵台，高十五仞，上有浑仪，张衡所制。又有相风铜鸟，遇风乃动。一曰长安灵台上有相风铜鸟，千里风至，此鸟乃动。又有铜表高八尺，长一丈三尺，广尺二寸。题云："太初四年造"。❹

三、早期海洋水文知识 ❺

（一）对海市蜃楼的认识

在烟波浩渺的海面上，常常会出现远处有物体影像的一种奇幻景象，这就是海市蜃楼。这在中国古代早就引起人们的极大兴趣，并有生动的描述，对其成因也做出了较科学的解释。在秦汉以前，人们对于海市蜃楼的认识是从蜃景开始的。海市蜃楼在中国古代有不少名称：海市、蜃气、蜃楼、蜃市、海市蜃楼等。

最早记述海市蜃楼的古代文献通常认为是《史记·天官书》。此书记载："海市蜃气象楼台，广野气成宫阙然"。中国古代的海市蜃楼记载还可以追溯到西周，而且那时已有官员负责对海市蜃楼等大气光象的观察和记载了。《山海经》载："大人之市在海中"，❻明杨慎、清郝懿行(1757~1825年)等《山海经》注释家，均解释这里所指为登州海市。❼

海市蜃楼朦胧奇丽的景象犹如仙景，极大地吸引着古人对它的赞美和描

---

❶《庄子·齐物论》.

❷《庄子·逍遥游》.

❸《答宾戏》，《昭明文选》卷45"设论".

❹《三辅黄图》卷4.

❺ 宋正海，郭永芳，陈瑞平. 中国古代海洋学史［M］. 北京：海洋出版社，1986.

❻《山海经·海内北经》.

❼ 袁珂. 山海经校注［M］. 上海：上海古籍出版社，1980.

绘，因而与三神山尤其是蓬莱仙山附会在一起。《史记·天官书》《汉书·天文志》均记有蜃气象楼台，初步描述了海市蜃楼的景象。"蓬莱"原为山名，古代方士传说为仙人所居神山。汉武帝于今蓬莱之地望海中山，因而筑城，以"蓬莱"为名。古代蓬莱仙境的传说不仅和齐、燕等国航海发达地区的域外地理知识积累有关，而且也与登州海市时而显现的海市蜃楼有关。海市蜃楼，在中国古代主要在海中见到，并且海市前，首先见到海面雾气上涌，云脚齐敷海上，所以古代普遍称海市蜃楼为蜃气，即海中动物——蜃吐的气。蜃在古代有两种解释。大多认为是大蛤。《礼记·月令》："雉入大水为蜃"，注："大蛤曰蜃"。《国语·晋九》也有类似说法："雉之入于淮为蜃"，注："小曰蛤，大曰蜃，皆介物，蚌类"，这就明确指出蜃是蚌类，罗愿《尔雅翼》采用上述古老说法。《古今图书集成》也采此说，并画出了《蜃图》。图中所画为大蛤正露出水面吐蜃气显现出海市蜃楼幻景。也有认为蜃是蛟龙。古代关于海市蜃楼是蛟蜃之气所为的说法显然不对，但认为海市蜃楼的成因与水汽有关，却是符合本质的认识。

（二）对海潮及海啸等海洋自然灾害的认识

海水周期性涨落的现象称为潮汐。古人对于潮汐现象的认识，早在先秦时期就出现了。潮汐是如何产生的？它是如何形成周期性涨落的？对此，历代的人们进行过种种猜测和解释，产生了不同的潮汐理论。海洋有时风平浪静，显得很温顺，但更多时候是肆虐不羁的。在中国古代，海洋自然灾害是较频繁较严重的，并且种类也很多，如风暴潮、海啸、长浪、台风、龙卷风、海冰、海雾、海岸侵蚀、港口淤积等。这些灾害，有些在先秦时期已经为人们所认识，并在秦汉时期得到了发展。在中国古代记录中，潮灾实际上包括两种灾害：一种是风暴（特别是台风）引起的风暴潮；另一种是海底地震引起的海啸（或称津浪）。至于海底火山爆发引起的海啸在中国似乎没有。就目前所知，中国古代最早的潮灾记录是《汉书·天文志》所记西汉初元元年（公元前48年）："初元元年……五月，渤海水大溢。琅邪郡人相食。"[1]之后，潮灾记载很多，这些珍贵的历史资料目前已得到系统的整理。中国最早的地震海啸记载，是西汉初元二年（公元前47年）的一次。《汉书》称，初元二

---

[1] 《汉书·天文志六》.

年"七月诏曰：……一年中，地再动，北海水溢流，杀人民。"❶ 这是一次地震海啸。地震海啸在古代记载很少，只有 10 余次。❷

中国古代记录的潮灾，基本上是风暴潮灾。在古代记载中，它与海啸也是容易区分的。风暴潮灾的记载，一般是"大风，海溢""大风，海涌""风灾，海啸"等。显然，中国古代所指的"海啸"实际为潮灾。它不等于现代意义上的（地震引起的）海啸。海洋潮灾的每次来临，都对沿海、海岛人民的生产生活带来或大或小的破坏，因此人们自古对潮灾就有两种态度：一方面相信这是大自然神灵——控制、左右海潮的海神、潮神——显灵，人力难以抗拒，因而往往对其祭祀、祷告，祈望海神、潮神能够"镇"住海潮，不使其泛滥，于是，历代有不少宗教和迷信活动，如造子胥祠、海神庙、潮神庙、镇海塔、镇海楼，设海神坛、封四海为王，祭海神、潮神，置镇海铁牛、投铁符，强弩射潮等；一方面采取防御、抵挡的办法，以免受海潮的侵袭，至少能够减轻所受损失，于是，中国具有悠久历史的海塘工程，自先秦时代就应运而生。

同时，还有关于海水盐度的认识，海水是高盐度的，自古海盐生产是沿海地区的一项重要经济活动。海盐生产在我国历史悠久，传说炎帝时宿沙氏已煮海为盐；《禹贡》记载青州有盐贡。春秋战国时，北方的齐国和南方的吴越均有渔盐之利，为富国之本。西汉桓宽《盐铁论》记载，汉代盐铁已成为"佐百姓之急，足军旅之费""有益于国"的重要财赋收入。汉初吴王刘濞"煮海为盐"，作为起兵谋反的重要经济依靠。从此，海盐业不断发展，煎晒盐活动遍布沿海地区，始终是封建国家重要的财政收入之一。由此可见，秦汉以前，人们就已经对大海的高盐度有了清楚的认识和产业应用。

第五节　先秦时期的海洋文学与海神崇拜

一、先秦时期海洋文学

古代中国海洋文学，是中国文化的重要组成部分，经历了神话传说，异

---

❶《汉书·元帝纪》.

❷ 李善邦.中国地震［M］.北京：地震出版社，1981.

彩纷呈的传承和创新过程。广义的海洋文学艺术是指在人类的海洋文化史上，人类一切具有审美价值的涉海文学艺术创造；狭义的海洋文学艺术是指那些主旨在于通过审美形象塑造来表现海洋和人们涉海生活的文学艺术作品。先秦时期的海洋文学艺术是人们对海洋认识、感知的精神创造，是我们祖先对海洋的理解、对海洋的感情和对海洋的审美艺术的再现。

（一）先秦时期的海洋传说

先秦的海洋文学，是由先民的神话传说和歌谣开始的；最早的海洋神话传说，要数成书于战国时代的《山海经》，《山海经》可以说是一部早期海洋文学的百科全书，又是"志怪之鼻祖"，里面有许多有关海洋的神话传说，是海洋世界的"天方夜谭"，如有关人类与海洋相互作用的传说，最著名的是"精卫填海""羲和生日""后羿射日"等脍炙人口的故事。《山海经》中涉海神话与传说的记载，内容十分丰富，在中国海洋文学史上具有重要的地位。除了《山海经》之外，《庄子》《列子》《左传》《黄帝说》《尚书·禹贡》等史书、子集，也有很多涉海的神话传说。尤其是《庄子》，反映出浓厚的海洋文化意识，如著名的庄子寓言"望洋兴叹"；《诗经》《楚辞》，作为先秦先民们诗歌咏唱的最早结集，也为我们保留下了不少涉海作品，如《小雅·鱼丽》等，则是江河湖海渔民们的生活写照；屈原的楚辞《天问》，为我们展示了一幅幅江海贯通、天地辽阔、宇宙无限的自然壮美画图。

（二）奇书《山海经》

《山海经》成书于战国，可谓中国海洋文学的开山之作，是一部荒诞不经的奇书。《山海经》全书现存 18 篇，其余篇章内容早佚。原共 22 篇约 32650 字。"记载了约 40 个方国，550 座山，300 条水道，100 多个历史传说人物，400 多种神奇鸟兽"，共藏山经 5 篇、海外经 4 篇、海内经 5 篇、大荒经 4 篇，"海经篇幅最多，山经也写到江河与海，大荒经与海经并无区别，海内奇观与海外奇闻是着眼重点；可以说，《山海经》乃是中国古代第一部写海洋的经典，反映古代先民对于海洋的认知、好奇、探索与向往，具有鲜明、浓郁的海洋文化、海洋文学特性"。❶

---

❶ 王学渊.《山海经》与海洋文化, 中国海洋文化研究（第4~5卷）［M］.北京：海洋出版社, 2004.

《山海经》作为中国最早的集地理、博物、方志、风俗与神话传说于一体的百科全书，可以说是中国"海洋小说"的集成之作，里面不少故事我们都耳熟能详，如精卫填海、大禹治水、夸父逐日、女娲补天等；《山海经》海神的记载有："东海之渚中，有神，人面鸟身，珥两黄蛇，践两黄蛇，名曰禺䝞；黄帝生禺䝞，禺䝞生禺京，禺京处北海，是为海神"❶"南海渚中，有神，人面，珥两青蛇，践两赤蛇，曰不廷胡余"；❷"西海陼中，有神，人面鸟身，珥两青蛇，践两赤蛇，名曰弇兹"；❸"北海之渚中，有神，人面，鸟身珥两青蛇，践两赤蛇，名曰禺彊"；❹《山海经·北山经》云：又北二百里，曰发鸠之山，其上多柘木；有鸟焉，其状如乌，文首、白喙、赤足，名曰精卫，其鸣自詨；是炎帝之少女名曰女娃，女娃游于东海，溺而不返，故为精卫；常衔西山之木石，以堙于东海。漳水出焉，东流注于河。❺精卫填海，是中国上古神话传说之一。相传精卫本是炎帝神农氏的小女儿，名唤女娃，一日女娃到东海游玩，溺于水中。死后精灵化作一种花脑袋、白嘴壳、红色爪子的神鸟，每天从山上衔来石头和草木，投入东海，然后发出"精卫精卫"的悲鸣，好像在呼唤着自己。"精卫填海"神话属于死后托生神话，女娃不慎溺水身亡，表明古代中国先人在自然面前的弱小和无能为力，也反映了在大自然面前生命的脆弱。

除了《山海经》，《诗经》《道德经》也是古代中国海洋文化的重要作品。《诗经》中"相土烈烈，海外有截"，❻说明领土范围已达到海外；"于疆于理，至于南海"，❼意思是经营南海，说明周时期边界已到南方沿海；"至于海邦，淮夷来同；莫不率从，鲁侯之功"，❽可知国土范围已达东南沿海。《道德经》为春秋时期老子（李耳）的哲学作品，又称《道德真经》，是中国历史上最伟大的名著之一，据联合国教科文组织统计，《道德经》是除了《圣经》以外被译成外国文字发布量最多的文化名著，《道德经》有"澹兮其若海，

❶ 山海经·大荒东经，周明初校注《山海经》［M］.杭州：浙江古籍出版社，2010.
❷ 山海经·大荒南经，周明初校注《山海经》［M］.杭州：浙江古籍出版社，2010.
❸ 山海经·大荒西经，周明初校注《山海经》［M］.杭州：浙江古籍出版社，2010.
❹ 山海经·大荒北经，周明初校注《山海经》［M］.杭州：浙江古籍出版社，2010.
❺ 郭璞注.《山海经》写《山海经图赞》有"精卫"条.
❻ 朱熹集注《诗集传》［M］.上海：上海古籍出版社，1980.
❼《诗经·大雅·江汉》，朱熹集注《诗集传》［M］.上海：上海古籍出版社，1980.
❽《诗经·鲁颂·閟宫》，朱熹集注《诗集传》［M］.上海：上海古籍出版社，1980.

飂兮若无止""譬道之在天下犹川谷之於江海""江海之所以能成为百谷王者，以其善下之，故能为百谷王"❶等诗句，以大海之沉静来形容得道者的状态，认为"道"存在于天下，就像江海，一切河川溪水都归流于它，使万物自然服，而江海之所以能够成为百谷之王，是因为它善于居于底下处，所以能够成为百谷之王，可以看成是大海的精神特质。孔子的"道不行，乘桴浮于海"为历代远大抱负未能实现的文人骚客指出了一条超脱的避世之路；神话传说故事《沙门岛张生煮海》讲的是，潮州的儒生张羽，寓居石佛寺，清夜抚琴，招来东海龙王三女琼莲，两人生爱慕之情，约定中秋之夜相会，因龙王阻挠，琼莲无法赴约。张羽便用仙姑所赠宝物银锅煮海水，大海翻腾，龙王不得已将张羽召至龙宫，与琼莲婚配，反映了古代劳动人民征服大自然的渴望，表现了青年男女勇于反对封建势力、争取美满爱情的斗争精神。

二、先秦时期的海洋信仰与海神崇拜

在夏、商、周时期，已经出现了海洋信仰。这时期的海洋信仰处于萌芽状态，具有原始的特征，人们把海洋的祭祀纳入祭祀礼仪的范围，并出现了对禺虢、禺疆等海神的信仰以及对海盐神、潮汐神等行业海神的信仰，人们在认识开发海洋中，那些作出了重大贡献者，则被后人视为行业海神，如盐神、潮神崇拜。在我国东南沿海地区及其附近的濒海岛屿上，流传着众多的鸟图腾和鸟生传说，体现着特定的鸟崇拜文化，中国海南岛、台湾岛等沿海岛屿的早期传说中蕴涵着特定的海洋文化色彩。在中国早期海洋文学的文化蕴涵中，《山海经》中"海"味十足，春秋战国的滨海地区流传着很多海洋故事。早期的海洋信仰与崇拜中，鸟图腾崇拜是最为普遍和突出的文化现象之一，在东南部和南方沿海地区的古代海洋文化中，鸟类图腾崇拜现象十分普遍，分布范围也广，影响也深远。❷

海洋的神秘莫测，使远古先民自然而然地产生敬畏之情，由于恐惧，海洋被妖魔化或被神化，先秦海洋信仰和崇拜的显著特征表现在先民们对神秘海洋的敬畏恐惧和期待向往上。远古先民们面对波涛汹涌、变化诡谲的大海，认为其中必有龙王统管四海、海神护佑众生，由此原始的海洋信仰与崇拜就

---

❶《道德经》第20、32、66章，第22章"澹兮其若海；飂（liáo，风的声音）兮若无止，孰能浊以静之徐清，孰能安以动之徐生，保此道者不欲盈，夫唯不盈故能蔽而新成".

❷曲金良.中国海洋文化史长编（先秦秦汉卷）［M］.青岛：中国海洋大学出版社，2008.

产生了。海洋对古代先民来说充满了不解和神秘的色彩，面对广阔无边潮起潮落、时而汹涌时而平静的苍茫大海，他们往往诉诸于神灵，正如其一向认定的那样——天有天神，地有土地神，风神雨神怒吼产生狂风暴雨，火神显威产生烈火。海洋越是神秘，就越能激发先民们对海洋的探索与实践的热情。面对大海的潮起潮落，雷电的轰鸣闪耀，火山喷出岩浆，洪水冲垮堤岸等自然现象，于是神灵就在人们的脑海中浮现了，神话也就产生了，正如马克思指出的，任何神话都是用想象和借助想象以征服自然力，支配自然力，把自然力加以形象化。

在沿海人们的精神生活中，海神信仰与崇拜仍有它的生命力，海神反映了当时沿海居民的世界观、生活观以及行为模式。海洋神灵是先秦时期人们在接触认识和开发利用海域过程中产生的对自然力的崇拜。在当时社会生产力极端低下的情况下，海洋神灵（即"海神"）的产生是人类在向海洋发展以及开拓、利用过程中对异己力量的崇拜，也就是对超自然和超社会力量的崇拜，❶ 或者说海神是涉海的民众想象出来掌管海事的神灵，中国古籍中所提到的"海神"（即明确冠以"海神"称呼的）就是指掌管海洋事项或涉海事项的神灵，而海神信仰则是涉海人群面对广阔无垠、变幻莫测的海洋，为充满了凶险和挑战的涉海生活找到的精神护佑，这实际是涉海民众海洋观念的一种外化表现，也就是说"海神"是人们面对海洋的时候所产生的心理上的依托，而"海神信仰"则是人们在涉海生活中创造出来的，实际上是一种扭曲的海洋观。❷

古代中国主要海神形象是不断变化的，经历了从人面鸟身的早期海神到四海海神、海龙王、妈祖和专业海神的历史传承与变化，并通过分析海神传说及涉海实践，反映了古代中国海洋观念着重于"四海"观念和"渔盐实利"的海洋价值观念。同时，海洋文明长期没有上升到主流地位，和王朝统治者放弃海洋发展路向的选择有关，也和强势陆地文化产生的负面效应、传统惰力有关，这是我们需要批判、扬弃的一面，中华民族的形成不只是汇聚农业民族的共同体，而是多元一体的，包含了海洋民族的成分。❸

尧舜禹时代已经产生了对海洋的崇拜与祭祀，如已经开始崇拜和祭祀"四

---

❶ 王荣国.明清时代的海神信仰与经济社会［D］.厦门：厦门大学，2001.

❷ 曲金良.海洋文化概论［M］.青岛：中国海洋大学出版社，1992.

❸ 杨国桢.中国海洋文明专题研究（第1卷）［M］.北京：人民出版社，2016.

海"，人们在接触认识和开发利用海洋的过程中，是一种敬畏和恐惧的心态来看待海洋，并虚构出海神加以崇拜。最早的海神出现在《山海经》中，如夏代《山海经》中出现了中国最早海神的名字——禺疆。《海外四经》中载"北方禺疆人面鸟身，珥两青蛇、践两青蛇"。❶海神本质是一种宗教文化形态，在遇到不可抗力时，海神产生"心理安抚"作用，实际是海神信仰的社会生活需求，孔子说："道不行，乘桴浮于海"，说的是若抱负没实现，就要在海洋中去实现"抱负"的理想。海神信仰还对邻国影响深远，如日本、韩国的原始海神与中国大都相似或相同，主要是由山东区域向外输送的。浩瀚无边的大海在先民的生产和生活中扮演着越来越神秘、越来越重要的角色，先秦海洋文明独具东方特色，在世界海洋文明史上具有重要地位。我国古代的海洋文明历史悠久蕴涵丰富并且对后世的影响深远，先秦时期作为中华文明的源头，在经济、政治、文化、思想、宗教、生活等各个方面都产生了重要影响。公元前 600 ~ 前 300 年间，是人类文明精神的重大突破时期，可谓是人类文明的"黄金时代"。

---

❶ 王红旗，孙晓琴，编译. 山海经［M］. 上海：上海辞书出版社，2003.

第三章　秦汉时期的海洋发展

秦汉时期大一统政权的建立，是海洋思想观念实现重要转折的标志；这一时期"天下"与"海内"实际上都是泛指统治区域，这一用语习惯体现了政治文化意识中的海域观，对"海"的积极关注与实践，反映了当时社会海洋意识的觉醒。秦皇汉武等有作为的帝王一直注视着神秘的海域，并身体力行巡游大海，对"海上方士"的海洋探索也予以行政支持；秦汉时期造船业得到极大发展，海洋航运推动了海洋资源开发和海洋贸易发展，促进了沿海海洋经济的发展，也为海外文化交流提供了条件；这一时期中国不仅开辟了陆上的丝绸之路，而且开辟了海上的丝绸之路；东汉政府开始有序巡行、管理南海诸岛；三国时期船队到达台湾、海南；甚至在南朝时中日之间北路南线航路得以开辟，中国远洋海船越过印度半岛，并抵达波斯湾。❶

第一节　秦皇汉武的海洋思想

一、秦皇汉武海上巡游

秦汉时期的海洋思想在中华民族海洋文明进程中具有重要的开拓性意义，是古代中国海洋文化的初步繁盛期。国家的统一以及车同轨、书同文、度量衡的统一，大大解放和促进了社会生产发展，进一步提高了人们开发利用海洋资源的能力，人们的海洋观念和意识进一步更新变化，人们的海洋活动和海洋文化更加繁荣。秦始皇 13 岁时继王位，先后灭六国，39 岁时完成了统一中国大业，建立了统一的中央集权的强大国家；秦始皇开疆拓土，南

---

❶ 张帆. 中国古代海洋文明与海洋战略概述［J］. 珠江论丛，2017（2）.

征百越，北击匈奴，开发北疆，开拓西南，征服岭南，置南海郡，使得强大帝国控制的海岸线空前延长，初步奠定了古代中国本土的广阔疆域；秦始皇建构了从咸阳辐射全国、四通八达的驰道，方便了他几次大规模的巡游，巡游中秦始皇先后去了烟台、胶南，沿东海到江苏的海州、徐州等地；为去海上仙岛求取不老仙药，派徐福带500童男童女，驾船出海；从潼关过黄河达山西，东抵秦皇岛，出山海关，到达辽宁海滨；设置桂林、象郡、南海等郡，把受贬谪的人派去防守。秦始皇沿海巡游达4次，登临琅琊台，勒石铭功，下令建设古琅琊港，反映出始皇重视沿海地区的开发。公元前210年，秦始皇最后一次出巡，先后到达湖北、湖南、安徽、江苏、浙江、山东、河北等地，"梦与海神战"，遂以"连弩"射海中"巨鱼"，毫无疑问这一行为发生在涉海航行中，遗憾的是巡游至平原津时，秦始皇得病，崩于沙丘平台，赵高对秦始皇的死，秘而不宣，采用"鱼分龙臭"的把戏，瞒天过海，让胡亥取公子扶苏而代之，成为秦皇二世，赵高把秦二世玩弄于鼓掌，骄横专权，"指鹿为马"，导致秦亡。

汉武帝也十分重视对海洋的开发，对海洋世界表现出积极的探索欲望；汉武帝16岁登基，适时汉兴已60余年，天下安宁，中央权威不断向外推廓，王朝地域架构向大陆边缘的海洋延展。汉武帝一生10余次出行海上，行程距离和频率都超过秦始皇，最后一次行临东海，已是68岁高龄。汉朝时期从海上通向朝鲜、日本的远洋航线得以打通，并把古代中国的海洋文明传播于此。武帝灭南越，平定东越王馀善反叛，调动了海上防卫力量楼船军，均是利用海上运输能力发动的征战，并获成功；东汉初，马援率军平定征侧暴动，也是由楼船军从海路南下而击之。

秦皇汉武的海上之行与海洋战斗，表明当时的航海技术相当先进，造船业也有相当规模；秦皇汉武都是在国家大一统基础上进行巡海活动的，大一统的"盛世"刺激了统治者对神秘海洋的探索。《史记》描绘秦始皇坟墓为"以水银为百川江河大海，机相灌输，上具天文，下具地理，以人鱼膏为烛，度不灭者久之"，[1] 大意为，秦始皇逝后想拥有江山社稷，造了一副上面日月星辰，下面江海绕群山景观，以人体和鱼体内的油炼制成灯油，以来长久伴随其永不腐朽的躯身。秦始皇不惜重金用水银模拟江海，表明对大海的"钟情"，

---

❶ 史马迁. 史记·秦始皇本纪［M］. 长沙：岳麓书院，2011.

巧合的是，秦皇汉武都是在出行巡游途中病逝的，两位伟大的帝王热衷于海上巡行也好，"议事于海"也罢，甚至是模拟大海当作坟墓背景等，都把对大海的控制权看做是一种权力的标志和象征，彰显了秦皇汉武对海洋权力控制的欲望，体现了古代中国朴素的海洋主权意识。

二、秦皇汉武的海洋权力意识

海洋权益是基于国家主权而产生的权力，属于国家的主权范畴，是国家领土向海洋延伸形成的权利，是一种完全排他性的主权权利。现代意义的主权是指一个国家对其管辖区域的完全排他性的政治权力；在中国古代"主权"往往混同于君权、国家、天下等概念，"封建帝王多以'天下'宣示现代意义的'主权'"，❶ 诸如"溥天之下，莫非王土；率土之滨，莫非王臣"，溥，大也，天大地大，以大喻天，故曰"溥天"，"溥天之下"指的不是土地，所谓"王土"，实质上是指对于土地上生活的人，"王"是要负责任的，正所谓"守土为民"。土地虽然不归王者所有，但这些土地上的生民之任是归王者承担的，这也就是只有对天下人负责的人才可以成为王者的道理，因此，天下首先是一种地理意义。从西周时期开始就以中央为中心，按甸侯宾要荒"一圈一圈向外推，甸服五百里、侯服五百里、绥服五百里、要服五百里、荒服五百里，四方五服环绕中央"，❷ 这便是地理形态上的天下，封建统治者有意识地把海洋纳入其"天下"的一部分正是从秦皇汉武开始的，秦皇汉武的多次巡海活动体现了"海洋主权意识"的觉醒。

秦汉天下一统，为巩固海防、宣扬国威，也为寻找仙丹、求得长生不老药，秦皇武帝多次举行规模庞大的巡海活动，时而平静，时而汹涌又变幻神秘的海洋领域，无疑极大地刺激了秦皇汉武对新鲜事物的好奇心。如前文所述，秦统一后，秦始皇的 4 次巡海之举说明其重视海洋主权，《史记》中记录了秦始皇 4 次巡海，"二十八年……于是乃并渤海以东，过黄、腄，穷成山，登之罘，立石颂秦德焉而去"，❸ "三十二年，始皇之碣石，使燕人卢生求羡门、高誓……因使韩终、侯公、石生求仙人不死之药"，❸ "三十五年……于是立石东海上朐界中，以为秦东门"，❸ "三十七年十月癸丑，始皇出

❶ 孙方一.论秦汉时期海洋管理［J］.南海学刊，2017，3.
❷ 佚名.十三经注疏［M］.上海：上海古籍出版社，1988.
❸ 史马迁.史记·秦始皇本纪［M］.长沙：岳麓书院，2011.

游……浮江下，观籍柯，渡海渚……上会稽，祭大禹，望于南海，而立石刻颂秦德……还过吴，从江乘渡。并海上，北至琅邪"；❶ 频繁巡海目的在于"巩固海防、宣扬国威，扩大水陆交通网以通海河，使江海联运，治理来之不易的一统江山"❷ 是令人信服的理由，然而更重要的是体现了秦始皇对海洋权益的高度的重视。秦始皇统一中国后，在 5 次东巡中有 3 次途经海州，使之成为当时唯一对海外开放的门户，并于公元前 212 年在海州建朐县，立石阙，作为"秦东门"，海州，就是今日开放港口城市连云港的前身。《史记》上对秦东门立石的地点是这样描述的："三十五年……于是立石东海上朐界中，以为秦东门"，对其雄伟程度没有描述，但东汉时期崔季珪在泛舟去郁州 (今云台山) 时，亲眼在船上看到过它，并写入《述初赋》，原文为"倚高舻以周眄兮，观秦东门之将将"，❶ 意思是说，在船上向四方瞭望，看到了秦东门雄伟的风貌。"将将"是个古老的词汇，意为高大、雄伟，主要用以形容建筑物。《诗经·绵》中有"乃立应门，应门将将"，指的就是王宫的正门，十分壮观。从中不难看出秦东门应该是相当雄伟的，秦东门的设置正是秦王朝对海上主权的宣示，表明对海洋的主权，秦始皇甚至还在海上议事，"维秦王兼有天下，立名为皇帝，乃抚东土，至于琅邪；列侯武城侯王离…五大夫杨樛从，与议于海上"，❶ 海上议事意义不言而喻，体现秦始皇作为最高统治者对海洋区域的绝对控制权。自秦始皇后，秦二世也"到碣石，并海，南至会稽，而尽刻始皇所立刻石"❶ 宣示海洋主权。西汉景帝"三年冬，楚王朝，晁错因言楚王戊往年为薄太后服，私奸服舍，请诛之；诏赦，罚削东海郡。因削吴之豫章郡、会稽郡"，❸ 表明西汉控制范围触及到了海洋；汉武帝一生巡海频率要比秦始皇更甚，多达 10 余次，难怪司马光在《资治通鉴》里都指责"孝武穷奢极欲……巡游无度，使百姓疲敝……其所以异于秦始皇者无几矣"，❹ 汉武帝比秦始皇巡海的频次更高，范围更广，时间更久，更有 2 次在海中宿留，"东巡海上，行礼祠八神……宿留海上，予方士传车及间使求仙人以千数"，❺ "遂至东莱，宿留之数

❶ 史马迁.史记·秦始皇本纪［M］.长沙：岳麓书院，2011.
❷ 李传江，张瑞芳.秦始皇东巡与海洋疆域的拓展［J］.兰台世界，2012 (27).
❸ 史马迁. 史记·吴王濞列传［M］.长沙：岳麓书院，2011.
❹ 司马光. 资治通鉴［M］.北京：中华书局，1993.
❺ 司马迁.史记·封禅书［M］.长沙：岳麓书院，2011.

日"，❶ 频繁的巡海反映了汉武帝不满足于统治"海内"的天下，在控制的陆域面积几近达到极限的情况下，更有探索海外未知世界的强烈欲望，这就萌发了海洋主权意识，意识到要加强对"海外"的控制权。

第二节　秦汉时期的海洋经济

自公元前 221 年秦始皇统一全国，到公元 220 年东汉献帝禅位，秦、汉两大统一王朝，统治中国历时 440 年之久。秦始皇统一天下，把中国的版图扩展到今广州、广西桂林一带；西汉的海域面积空前辽阔。秦汉时期海域面积的空前扩大，为海洋经济发展创造了广阔空间，海洋渔业与海洋盐业是海洋经济中的大宗，这在秦汉时期尤为明显，《史记》有"山东多鱼盐""便渔盐之利，而人民多归齐"，❷ 反映了当时海洋经济活动频繁、渔业生产繁忙的盛况；"靠山吃山，靠海吃海"，从秦汉时期渔业技术的发展、渔业生产的区域以及渔业生产的经营组织形式等方面来看，秦汉时期的渔业已十分的发达。

一、秦汉时期海洋渔业、盐业管理

早在春秋战国时期，滨海的诸侯国已出现了大盐业主，官府直接管理盐政，对食盐的生产和运销环节进行管理和调节，首创了食盐官营制度。到了秦汉时期，海洋渔业和海洋盐业继续向前发展，海洋交通和海外贸易等也有了发展，秦汉时期政府设有专职官员来加强对渔业和盐业的管理，汉武帝时期设立征收海洋渔业生产税的"海租"，东汉时设有管理渔业税收事务的渔官负责海洋渔业管理，汉平帝时"置少府海丞一人，掌海税"，❸ 表明当时的海洋渔业已经相当繁荣。就渔业生产区域来说，以东部沿海地区的诸多海洋渔业生产区域为主，东部沿海地区普遍重视海上生产，以近海捕捞为主，海南岛和东部沿海地区捕捞的海产品源源不断运往中原地区，成为中原地区的重要食物和商品。

盐业则由盐官负责管理，海洋盐业在秦汉时期获得了较大的发展，秦

---

❶ 司马迁. 史记·封禅书［M］. 长沙：岳麓书院，2011.

❷ 司马迁. 史记·齐太公世家［M］. 长沙：岳麓书院，2011.

❸ 郑樵. 通志·职官略［M］. 北京：中华书局，2009.

汉海盐的产区开发、海盐生产的技术和工艺水平、海盐生产销售和税收的管理等方面，都有了长足的进步。秦朝时期的主要海盐产区分布在燕、齐、吴等传统的沿海地区；西汉中叶以后，食盐业的生产又有了较为迅速的发展，产盐区已经遍布全国各地，并在沿海设置盐官，管理上采用由官府直接定量供给的制度，工具也由官府供给；海盐生产技术和工艺水平已经相当先进，当时煮海盐的"牢盆"即铁釜、铜盘、盘铁，已经相当完备。秦朝严禁山海之利，官府垄断盐业，但是汉初至武帝时期初，山海之禁有所松动，出现了食盐私营现象，到了汉武帝中后期时，又重禁山海，严法推行食盐官营。食盐生产者，则主要是所谓的"亡命罪人"或奴僮，或为佃客式依附民等，❶秦汉时期海洋渔业很是发达，"其利蒲鱼"，❷武帝时期曾收海租，宣帝时"耿寿昌奏请增海租三倍，天子从其计"，❸王莽时期，"诸取鸟兽鱼鳖百虫于山林水泽及畜牧者……除其本，计其利，十一分之，而以其一为贡"，❸海租的出现反映了当时渔业经济的空前发展；汉朝把"海盐"生产权收归国有，并设置盐官管理"盐"务，武帝时"县官尝自渔，海鱼不出，后复予民，鱼乃出"；❹武帝时期的"渔税"足以证明海洋渔业的重要性，关乎国计民生和王朝统治阶层利益。

二、秦汉时期海外贸易和海洋交通发展

海外贸易是一定时期海洋经济发展达到一定程度的产物。秦汉时期大规模海外贸易的开启与发展，是这一时期海洋经济获得长足发展的重要体现；秦朝统一后，秦朝的统治触角一直延伸到沿海区域，海洋经济发展的光芒也不可避免地辐射到海滨，并向海外世界扩散开来；秦皇汉武多次巡海，主要是出于经济方面的考虑以及对海外贸易运输的探索，由此人们通过中原的市场，逐步向沿海港口甚至海外市场发展，其重要标志就是西汉时期海上丝绸之路的开辟，这是秦汉时期以来较大规模海外贸易的发端；秦汉时期随着海外贸易的发展，开创了海洋交通的新纪元；秦始皇巡海之际，以徐福率领的庞大航海船队为代表的从黄、渤海区域

❶ 曲金良. 中国海洋文化史长编（先秦秦汉卷）[M]. 青岛：中国海洋大学出版社，2008.
❷ 班固. 汉书·地理志 [M]. 北京：中华书局，2005.
❸ 郑樵. 通志·食货略 [M]. 北京：中华书局，2009.
❹ 班固. 汉书·食货志 [M]. 北京：中华书局，2005.

到朝鲜半岛、日本列岛的海上交通，南方近海展延到中南半岛一带的海上交通，充分展示了当时繁忙的海外航行景象；在汉朝，海洋交通是随着海外贸易的繁盛而不断发展的，汉武帝多次巡海，陆续打开了国内海洋经济交流的通道，更为重要的是海外交通运输的通道也打开了，汉王朝时期北起渤海南至越南沿岸的整片海上交通线，都被打通，并通行无阻；此外，西汉时代我国还通过南海和印度洋上的国家建立了海上交通联系，开辟了太平洋和印度洋之间的远程航线。发达的海洋交通离不开造船业的支持。到汉武帝时期，对外扩张到南海，建郡在今海南岛，海南岛海洋经济条件优越，海洋物产丰富，海产品远销中原内地，在海外也十分受欢迎。❶

秦汉时期在沿海和海上出现了一些私人武装，这些武装长期占据海岛，或避难抢劫、抢夺商船或攻掠县城、对抗官府，对政府造成了一定的治安压力，长期占据海岛，必对王朝政权产生威胁；汉武帝年间，南越内乱，伏波将军路博德奉旨征讨，破城后，反叛"吕嘉、建德已夜与其属数百人亡入海，以船西去"，❷ 东汉时期史书记载出现了"海贼"一词，海贼频繁活动在渤海海峡，说明海贼对当时的渤海航路已经十分成熟，对当时的政府及渤海周边造成了很大的威胁和影响，对沿海和海上安全也构成了威胁。面对这一形势，秦汉时期针对海盗海贼采取的措施，一是靠地方政府进行沿海管理，海域管理适用于治安管理范围，汉朝国家管理体制为"军政不分、军警不分、司法刑狱不分"，❸ 任用"能吏"作为临海郡县吏。二是采取劝降招安的手段。三是招安未果，则采取军事镇压，军事镇压对沿海治安管理起着重要的作用。正是在这种条件下秦汉时期有能力对海洋进行开发与管理。

第三节　秦汉时期的海洋航运

发达的海洋交通运输离不开造船业的支持。先秦时期，人们从葫芦、腰舟、皮囊等原始渡水工具的使用，过渡到筏、独木舟的制作，再过渡到木板

---

❶ 曲金良. 中国海洋文化史长编（先秦秦汉卷）［M］. 青岛：中国海洋大学出版社，2008.

❷ 班固. 汉书·南越列传［M］. 北京：中华书局，2005.

❸ 朱绍侯. 中国古代治安制度史［M］. 郑州：河南大学出版社，1994.

船的建造，在此基础上逐渐形成了造船业；由于自然海洋条件的限制和人们认识水平的局限，中国早期海洋观念具有实用主义色彩，主要是建立在"行舟楫之便"与"兴鱼盐之利"的经济目的上。

一、秦汉时期的造船业

木板船的产生，大大提高了船的稳定性和快速性，为后世的船舶大型化和多样化开辟了巨大的发展空间；秦汉时期，中国的造船技术获得了重大进步。秦代的船舶已经能够往来于中日，已经能够利用风帆设置，并且有了适于远海航行的各项设备；汉代的造船业更是超越前朝，从文献记载和文物实证来看，汉代船舶的规模庞大，结构合理，船舶中的桨、橹、舵与艄、船碇（锚）、船帆等属具已基本齐备；不仅如此，汉代还重视船舶理论知识的总结，无论是关于船舶的概念与分类方面，还是船舶属具、船体结构、稳定性能等理论和知识方面，也都出现了可喜的进展。汉武帝时期，用于军事目的的"楼船"训练基地已经建立，并作为海上防务力量参加海上战斗；"海中星占"则反映了以星象判定海上航行方向，实际上是航海导航技术进步的一种表现形式。

秦始皇多次出海巡游，表现出对海洋的极大关注；汉武帝也积极东巡海上，这反映了对海洋探索和海洋开发的热情，大大促进了海洋航行的发展。《史记·封禅书》记载，公元前110年，武帝组织了一次规模较大的航海行动，"……乃益发船，令言海中神山者数千人求蓬莱神人"。武帝在位54年间，至少10次巡行海上，参与者往往以千人计甚至万人计，在中国航海史上留下了浓抹重彩的一笔。秦汉时期的重要海港有碣石、徐乡、成山、会稽、句章、东冶、合浦、龙编等20余处，其中与汉武帝有关联的海港多达11处。秦皇汉武积极投身于神秘海洋世界的探索，一是对海上神秘世界的热烈向往，二是都沉迷于对海洋仙境和长生药的执迷追求，同时"海上方士"直接或间接的航海见闻，也激起了上层社会对海洋的极大好奇。秦皇汉武举全国之力巡行海上，把对海洋的探索进一步提升到国家层面，从地理概念上升为指导政治实践的理念，同时也极其有力地推动了民间方士与知识人海洋探索和海洋开发的社会热情。❶

---

❶ 尹建强.试析汉武帝的海洋意识［J］.高等教育，2014，8：161~174.

二、秦汉时期的涉海航线与海洋防务

秦汉时期是古代中国传统海洋强国的奠基时代，这一时期，正是因为秦汉王朝开拓海路、经略海疆、拓展海洋权益和发展海外经贸，古代中国海洋强国的根基才能逐渐筑牢，海洋大国的局面才能逐步打开。秦汉时期向海外输出的物品主要是丝绸、瓷器等，从南洋输入的物品主要有玻璃、水晶、玛瑙、琥珀等装饰品。秦始皇使方士徐福"入海求神异物""遣振男女三千人，资之五谷种种百工而行，徐福得平原广泽，止王不来"，《汉书·伍被传》的记载是："使徐福入海求仙药，多赍珍宝，童男女三千人，五种百工而行。徐福得平原大泽，止王不来。于是百姓悲痛愁思，欲为乱者十室而六"；后人将徐福所止王不来处与日本相联系，日本一些学者也确信徐福到达了日本列岛；有学者指出，正是因为徐福东渡日本后，传播了中国先进文化技术，日本才取得显著进步。西汉初步开通了南洋航路，到达都元国、邑卢没国、谌离国、夫甘都卢国、皮宗等国家或部族，通达今印度马德拉斯附近和今斯里兰卡的海上商运航线相当繁荣；东汉时期，海路依然是佛教影响中国文化的重要通道，中国和天竺（印度）之间的海上航道仍大致保持畅通，海上交通对于文化传播和交流具有重要作用。

为加强海上防卫和安全海防建设，秦始皇二十八年，秦始皇下令向琅琊山迁徙三万余人并免去该地多年的赋税徭役，并先后贬谪获罪之人，去戍守新辟南海沿线的各郡县。汉武帝时，在长江中下游区域、东南及南部沿海地区增设了水军中心及楼船训练基地，常规海上战争训练机制初步形成，并把南部沿海的番禺等重要港口，作为海上军事基地及海洋交通运输的始发地，这些措施提高了应对海洋危机能力，提升了海上贸易的航运速度。汉武帝时加强中央对涉海要地管辖权，在环渤海一带广设郡县，并置幽州刺史监察之；对"百越之地"除加强监管外，以武力震慑之，如对东南的闽越王郢侵犯南越的行为予以坚决打击，并进而控制该区域；元鼎五年，对南越王相吕嘉的反叛，遣五路大军十余万水陆并进予以平定，并调整设置南海、合浦、交趾、日南、珠厓等九郡，强化了对南部海域的实际控制。同时，积极开展海上军事力量训练及海上作战行动，且规模越来越大；据《汉书·武帝纪》记载，前后有四次涉海军事行动，这些征伐行动，一方面体现出对沿海、近海疆域战略意义更深的把握，另一方面，江海方向军事交通作用也得到了更大的发挥。在海洋方向持续用力，拓展沿海疆域的同时，也为下一步"海上丝绸之路"的开辟提供了前提，古代中国历史上早而有之的海疆观念和海洋意识，与封建王朝的海洋战略定位也是紧密相连的，封建帝王"由陆及海"，积极拓展海域，体现了"陆海一体"的总体疆域意识；秦汉时期，从进行海上巡游、设置实体管理机构、深入开发沿海海洋资源到海上军事力量的运用，从巩固沿海防务及确保海上运输安全，再到打通并扩大江海水陆交通网络，充分展现出以安民养民为主旨的陆海整合的特点。❶

第四节　秦汉时期的海上丝绸之路及海港

一、秦汉时期海上丝绸之路

海上丝绸之路，又称"海上陶瓷之路""海上香料之路"，是古代中国与外国交通贸易和文化交往的海上通道，1913 年由法国的东方学家沙畹首次提及。古老的海上丝绸之路在春秋战国时期有所发展，秦汉时期基本形成，航线主要集中在东海、南海，以南海为中心，始发点为广州和泉州；先秦时期，形成了以陶瓷为重要产品的交易圈，海上丝绸之路经过印度洋，进入红海，抵达东非和欧洲，途经 100 多个国家和地区，成为中国与外国贸易往来和文化交流的海上大通道，如我国的种桑、养蚕技术、丝绸丝织品、瓷器、茶叶和铜铁器等，流入沿途各国，而输入国内的则主要是香料、花草及部分奇珍异宝等，促进了中外海洋文化交流，传播了古代中国先进的文明成果，推动了沿线各国文明交流互鉴和共同发展。汉朝时期海上丝绸之路进一步发展。汉武帝雄才大略，极力开辟海上交通，致力于海上各国往来，在汉武帝的努力下，汉朝先后开辟三条重要的海上航线，一是北起辽宁丹东，南至广西白仑河口南北沿海航线；二是从山东沿岸经黄海通向朝鲜、日本的海上航线；三是始于徐闻、合浦通向印度和斯里兰卡的海上丝绸之路航线。徐闻是汉朝"海上丝绸之路"的始发港，原生态文化、本土文化丰富多样，在徐闻始发港遗址南山港一带，发现有 200 多座汉墓及汉代生活遗址，汉砖、汉瓦在田间地头随处可见，还有保存完好的中国最早航标灯座、航海八卦定位仪、侯官神座和龙泉古井等古迹，文化资源和海洋文化遗产保护得很好。西汉时期，汉武帝灭南越国后，

---

❶ 丁涛，王鑫.秦汉时期如何经略海洋［N］.学习时报，2018-11-5.

通畅的海上丝绸之路进一步拓宽了与海外的海洋贸易规模，汉代的海上丝绸之路是我国海船经南海，通过马六甲海峡在印度洋航行的真实写照，自广东徐闻、广西合浦往南海通向印度和斯里兰卡，并以斯里兰卡作为货物贸易的中转点，中国的丝绸、瓷器等由此可转运到罗马，中国也可购得珍珠、香料、奇石异物等，从而开辟了海上丝绸之路。东汉时期出现了中国同欧洲国家直接友好往来的最早记录，这就是与罗马帝国第一次的往来。东汉航船已使用风帆，中国商人由海路到达广州进行贸易，运送丝绸、瓷器经海路由马六甲经苏门答腊来到印度，并且采购香料、染料运回中国，印度商人再把丝绸、瓷器经过红海运往埃及的开罗港或经波斯湾进入两河流域到达土耳其安条克，再由希腊、罗马商人从埃及的亚历山大、加沙等港口经地中海海运运往希腊、罗马两大帝国的大小城邦。这标志着横贯亚、非、欧三大洲的、真正意义的海上丝绸之路的形成，从中国广东番禺、徐闻、广西合浦等港口启航西行，与从地中海、波斯湾、印度洋沿海港口出发往东航行的海上航线，就在印度洋上相遇并实现了对接，广东成为海上丝绸之路的始发地。随着汉代种桑养蚕和纺织业的发展，丝织品成为这一时期的主要输出品。❶

二、秦汉时期的海港城市 ❷

海港作为海洋经济与海洋贸易的中轴和集散地，其形成和发展对海洋经济的发展起到了重要的推动作用。先秦时期的海港尚处于形成和发展的初级阶段，到了秦汉时期，海港获得了长足的发展，秦汉时期的主要海港，有交趾港、合浦港、徐闻港、番禺港、黄睡港、琅琊港等，其中有的是今天的重要港口如广州港、福州港、宁波港、温州港、杭州港、青岛港等的前身。

广州古称番禺，自秦汉开始，其地缘中心的地位以及鲜明的海洋属性，使其成为秦汉时期非常重要的海港城市。来自于印度洋、南海周边国家的商船欲到中国进行贸易，首先要经过广州。广州港也是当时中国与南洋、波斯湾地区的航线最集中的港口。这条航道途经南海、印度洋、波斯湾、东非和欧洲等100多个国家和地区。地缘地理优势使广州港迅速发展，朝廷允许和鼓励民间出海贸易，也鼓励外国商船和人员来中国进行贸易，积极主动经营

---

❶ 李明山. 东南沿海疍民与海上丝绸之路（上）[J]. 广东职业技术教育与研究，2017.

❷ 曲金良. 中国海洋文化史长编（先秦秦汉卷）[M]. 青岛：中国海洋大学出版社，2008.

对外贸易，因此广州港的海外交通一直很兴盛。宁波古称明州，是天然良好的贸易港，处于中国南北海运航线的枢纽，陆海运输四通八达，连接钱塘江、长江等水系，辐射内陆众多省份。宁波的海外交通始于东汉晚期，这一时期，舶来品和印度佛教已通过海路传至宁波地区。连云港古称海州，公元前219年，秦始皇为求长生不老药，曾遣方士徐福率童男童女和百工等数千，于琅琊郡古朐港东渡日本，这是有文字记载的中国人首次航海。此外，还有蓬莱（登州）、徐闻县、北海合浦等海港，蓬莱（登州）以其优越的地理位置，成为连接东北亚交流的纽带，是汉朝海上丝绸之路最早发祥地；而北海合浦是汉朝南海对外海上贸易的枢纽，是先秦时期中国南方重要的对外开放港口，还是中国从海上走向东南亚、南亚、欧洲的最便捷的海上通道。

东海航线的开辟始于周朝，从山东的渤海湾出发，航行达朝鲜，周武王时期，有人在朝鲜教民田蚕织。秦汉时期，秦始王遣人东渡借道朝鲜到达日本求长生不老药，汉武帝远征朝鲜并设机构进行统治；据学者考证，汉朝中日交通路线是循"海北道中到达弁韩，然后沿着马韩的海岸，顺各岛屿海湾北上，到达乐浪郡"，❶最后由乐浪郡取道陆路，到达洛阳。秦汉时期，东南沿海航路得到进一步开拓，对外交通和贸易继续发展。西汉海上丝绸之路正式形成，标志着中国较大规模海外贸易的开始。西汉时期，中国的航海事业得到了空前的发展，这是与西汉社会经济的发展联系在一起的。汉武帝的10余次巡海以及在海滨实行的一系列管理措施，大大推动了海上交通路线的开辟，古代中国南北沿海大航线得以开通，并且开辟了一条从山东沿岸通向朝鲜、日本以及从广东、徐闻、合浦通向印度、斯里兰卡的两条国际航线，为后来远洋航海与海洋贸易事业的发展奠定了坚实的基础。东汉时期，海上丝绸之路更加繁忙，与中亚各国和罗马帝国以及朝鲜、日本和南洋各国都通过海上进行贸易，形成了面向西方和面向东方的两条海上丝绸之路的格局。

第五节　秦汉时期海洋信仰与文学艺术

一、秦汉时期的海洋信仰概况

海洋信仰是远古海洋社会重要的一种文化现象。先秦时期，对海洋的祭祀

---

❶ （日）木宫泰彦.日中文化交流史［M］.胡锡年，译.北京：商务印书馆，1980.

已经形成了程式化的祭祀礼仪，"文化就是模式化地反复地出现在历史中的因素"，❶海洋文化"是海岸区域和海域涉海的群体对海洋自然的'人化'，不适合人群居住和发展航海的海岸区域、岛屿和海域，没有海洋活动，自然也就不会有海洋文化"，❷不同的海洋环境，不同的民族，其海洋文化也不同，发展水平也存在差异。秦汉时期西南地区的铜鼓上，就有鸟形纹饰和寓意同族出海的羽人划船图，"大越海滨"即东南沿海的百越部族有"雒越鸟田"即雒鸟助耕的神话；在我国的台湾岛，在北美西北海岸，在与我国东南沿海毗邻的环太平洋地区及其附近的滨海岛屿上，都流行着众多的鸟图腾崇拜和鸟生传说。❸祭祀礼仪的出现，海盐神、潮汐神等专门海神和行业海神的出现，都是沿海人们认识和理解海洋以及利用和征服海洋的体现。海神信仰需要一定的海洋人文条件，神话色彩浓厚的海市蜃楼、蓬莱仙境、徐福东渡等故事喜闻乐见；造神、拜神也成为人们的一大兴趣，在创造海神信仰方面同样表现出巨大的热情，在人们看来凡是能够保佑航海安全的都是海神。

二、秦汉社会的海神信仰的原因与特征 ❹

先秦时期，生产力相对落后，先人们对一些超人力、超社会的现象无法解释，在人们的精神世界里萌生诸多神仙观念，随之一个个不同领域的神灵也应运而生，该时期是中国神话起源发展的重要阶段。对于大海，也产生了许多神话故事，出现了所谓的海神，进而发展为海神信仰。秦汉时期，在继承先人海神信仰的基础上，又对其丰富和发展，海神形象有了新的变化，海神信仰出现了新的特点，在海神信仰的影响下，秦汉社会的海洋意识也愈发浓厚。

（一）秦汉时期的海神信仰及其原因分析

海神信仰由来已久，先秦典籍中就有诸多关于海神的记载。《竹书纪年》记载，商代帝芒时"东狩于海，获大鱼"，❺这里的大鱼应为海神的早期原型。

❶ （美）菲利普·巴格比.文化：历史的投影（中译本）［M］.上海：上海人民出版社，1997.

❷ 杨国桢.海洋世纪与海洋史学［J］.东南学术，2004（增刊）.

❸ 曲金良.中国海洋文化史长编（先秦秦汉卷）［M］.青岛：中国海洋大学出版社，2008.

❹ 卜祥伟，熊铁基.试论秦汉社会的海神信仰与海洋意识［J］.兰州学刊，2013，9.

❺ 刘晓东，等.二十五别史·古本竹书纪年［M］.济南：齐鲁书社，2000.

《山海经》中则详细记载了"三海"海神的由来及其形状等。《山海经·大荒东经》曰："东海之渚中有神，人面鸟身，珥两黄蛇、践两黄蛇，名曰禺虢，黄帝生禺虢，禺虢生禺京，禺京处北海，禺虢处东海，是惟海神。"❶从记载中可以看出，东海神名禺虢，为黄帝后裔，这种记载海神起源的方式与司马迁在《史记》中介绍五帝起源于黄帝的记述具有相似之处，这说明早在先秦时期，中国许多神话在某种层面上可以找到其共同源头。同时，在这则材料中我们还可以了解到北海神禺京，他是东海神禺虢的儿子，也为黄帝后裔；《大荒北经》记载，"北海之渚中有神，人面鸟身，珥两青蛇、践两青蛇，名曰禺疆。"❷有的典籍中把"禺疆"记为"禺强"，其实为一人。郝懿行笺疏："《大荒东经》云：黄帝生禺虢，禺虢生禺京。禺京即禺疆也，京、疆声相近。"❸有时也把"禺强"记为"禺京"，《庄子·大宗师》亦曰："北海之神，名曰禺强，灵龟为之使。"成玄英疏："禺强，水神名也，亦曰禺京。人面鸟身，乘龙而行，与颛顼并轩辕之胤也。"❹至于南海神，《大荒南经》曰："南海渚中，有神，人面，珥两青蛇、践两赤蛇，曰不廷胡余。"❺这些是关于早期海神的记载，海神的模样记述得很详细，名字也很具体，这说明先秦社会海神信仰已作为一种信仰方式而存在。秦代，海神记载屡见于史书。《史记·秦始皇本纪》曰："齐人徐市等上书言，海中有三神山，名曰：蓬莱、方丈、瀛洲，仙人居之。请得斋戒，与童男女求之。于是遣徐市发童男女数千人，入海求仙人。"❻这里的"海"应为东海，海中的山上住着神仙，是为海神。《山海经·大荒东经》记载，"东海中有流波山，入海七千里。其上有兽，状如牛。"❼《古今图书集成·禽虫》卷一百六十二引《广异记》也记载海中山神。❽这些神仙大多指的大海海岛中的山神，从宏观上讲就是具体化的某种海神。秦始皇曾派人入海求见海神获取长生药，史书中有明确记载，《史记·淮南衡山列传》曰："又使徐福入海求神异物，还为伪辞曰：臣见海中

❶《山海经校注·海经新释》卷九《大荒东经》［M］.上海：上海古籍出版社，1980.

❷《山海经校注·海经新释》卷十二《大荒北经》，425.

❸《山海经校注·海经新释》卷九《大荒东经》，350.

❹郭庆藩，王孝鱼.《庄子集释》内篇《大宗师》，新编诸子集成本［M］.北京：中华书局，1961.

❺《山海经校注·海经新释》卷十《大荒南经》，370.

❻《史记》卷六《秦始皇本纪》［M］.北京：中华书局，1959.

❼《山海经校注·海经新释》卷九《大荒东经》，361.

❽陈梦雷.《古今图书集成》卷一百六十二《禽虫》［M］.北京：中华书局，1934.

大神，言曰：'汝西皇之使邪？'"❶开始也有秦皇夜梦海神的记载，《史记·秦始皇本纪》曰："始皇梦与海神战，如人状。问占梦，博士曰：'水神不可见，以大鱼蛟龙为候。今上祷祠备谨，而有此恶神，当除去，而善神可致。'"❷此时，海神作为一种神灵受到秦始皇的封赐，并以侯的待遇加以拜祭，这足以说明海神在秦始皇心目中的地位。《艺文类聚》记载了秦始皇与海神相见的情景：始皇作石桥，欲过海观日出处。于时有神人，能驱石下海，城阳一山石，尽起立，嶷嶷东倾，状似相随而去。云石去不速，神人辄鞭之，尽流血。石莫不悉赤，至今犹尔。又曰：始皇于海中作石桥，非人功所建，海神为之竖柱。始皇感其惠，通敬其神，求与相见，海神答曰：我形丑，莫图我形，当与帝会。乃从石塘上入海三十余里相见，左右莫动手，巧人潜以脚画其状。神怒曰：帝负我约，速去，始皇转马还，前脚犹立，后脚随崩，仅得登岸，画者溺于海，众山之石皆住。❸

　　这是秦始皇与海神在海中石桥见面的神话故事，从秦始皇选择与海神见面这一故事情节可以看出海神在秦代社会的重要性。从故事创作者对海神这一神灵的亲睐，进而说明了海神信仰在秦代社会的存在。汉代，海神信仰已普遍存在于社会生活中，且信仰的内容更加丰富，信仰的形式趋于多样性。汉代祭祀海洋已被纳入到国家祭祀体系中，武帝建元元五月诏曰："河海润千里，其令祠官修山川之祠，为岁事，曲加礼。"元封五年，武帝"北至琅邪，并海，所过礼祀名山大川"，夏四月"会大海气，以合泰山"，郑氏曰："会合海神之气，并祭之。"❹汉武帝也像祭祀山川河流一样祭祀海神，可见他对海神的重视程度。武帝还为了求仙需要派人寻找海神，《汉书·郊祀志上》曰："上遂东巡海上，行礼祀八神。齐人之上疏言神怪奇方者以万数，乃益发船，令言海中神山者数千人求蓬莱神人。"❺蓬莱为传说海神居住的海岛，在汉代还有其他海岛，东方朔在《十洲记》中记载，"汉武帝既闻西王母说八方巨海之中，十洲记、瀛洲、玄洲、炎洲、长洲、元洲、流洲、生洲、凤麟洲、聚窟洲，有此十洲，乃人迹所稀绝处"，❻这些海岛传说都住有海神。汉宣帝曾下诏

❶《史记》卷一百一十八《淮南衡山列传》，3085.

❷《史记》卷六《秦始皇本纪》，263.

❸ 欧阳询，等.《艺文类聚》卷七十九《灵异部下·神》，文渊阁四库全书本.

❹《汉书》卷六《武帝纪》［M］.北京：中华书局，1962.

❺《汉书》卷二十五上《郊祀志上》，1234～1235.

❻ 张君房，李永晟.《云笈七签》卷二十六《十洲三岛部》［M］.北京：中华书局，2003.

祭祀海神，曰："夫江海，百川之大者也，今阙焉无祠，其令祠官以礼为岁事，以四时祠江海洛水，祈为天下丰年焉。"❶汉代把对海神的信仰祭祀以诏书的形式固定下来，出现了海神信仰官方化的倾向。同时，汉代海神信仰还出现了下移的趋势，民间对海神的信仰内容也发生了巨大的变化，形式上也有所调整，民间给一些海神赋予新的名字，并为每个海神配以夫人，人性化色彩浓厚。《纬书集成》卷六记载，"东海君姓冯名青，夫人姓朱名隐娥；南海君姓赤名视，夫人姓翳名逸寥；西海君姓勾大名丘百，夫人姓灵名素简；北海君姓是名禹帐里，夫人姓结名连翘。"❷海神信仰由官方向民间下移，并在民间产生重要的影响，使民众参与到海神信仰之中，这更说明了民间信仰的社会普遍性。海神信仰普遍存在于秦汉社会之中，究其原因，除了秦汉社会的神仙信仰兴盛以外，信仰行为的功利性也是其重要原因之一。从统治者的角度分析，掌握祭祀权包括对海神的祭祀是其维护统治权威的重要体现，是其实现对民众有效控制的重要手段，因此大型的祭祀主要掌握在官方手中，《汉书·郊祀志上》记载，"始皇遂东游海上，行礼祀名山川及八神，求仙人羡门之属。"❸然而，对海神的崇拜也是对像发生海溢现象等不可抗拒性自然灾害面前的妥协和畏惧，祭祀海神也成为他们祈求平安的方式和手段。海溢类似于现在的海啸，它的出现往往给人们的生命财产造成巨大威胁，甚至出现"人相食"的局面，据王子今先生考证，汉代共发生海溢灾害达七次之多。❹面对灾难而又无力改变，祭祀他们所认为掌管海洋的海神便成为必然选择，海神的崇拜演变成为海神信仰而广为社会所接受。另外，从大海中获取一定的利益也是海神信仰的重要原因。《史记·齐太公世家》曰："修政，因其俗，简其礼，通商工之业，便鱼盐之利，而人民多归齐，齐为大国。"❺从大海中可以获取鱼盐之利，秦始皇曾东巡海上"令入海者赍捕巨鱼具，而自以连弩候大鱼出射之"。❻汉代，百姓可以从大海中获取利益。从事渔业成为沿海百姓的收入来源之一，政府也明令收取渔业税，《汉书·食货志上》记载，宣帝时"又白增海租三倍，天子皆从其计。御史大夫萧望之奏言：'故

---

❶ 《汉书》卷二十五下《郊祀志下》，1249.

❷ 安居香山，中林璋八.《纬书集成》卷六［M］.石家庄：河北人民出版社，1994.

❸ 《汉书》卷二十五上《郊祀志上》，1202.

❹ 王子今.汉代'海溢'灾害［J］.史学月刊，2005（7）.

❺ 《史记》卷三十二《齐太公世家》，1480.

❻ 《史记》卷六《秦始皇本纪》，263.

御史属徐宫家在东莱，言往年加海租，鱼不出。长老皆言武帝时县官尝自渔，海鱼不出，后复予民，鱼乃出。'"❶可见汉代海洋渔业之发达程度。以上材料可以看出，秦汉时期人们已经在海洋中从事鱼盐作业，海洋给他们带来了丰厚的利润，海洋成为民众尤其是沿海百姓生活的一部分，要想平安地获取海洋利益，祈求海洋中的神灵的庇护已成为他们的选择，随着海洋开发的深入开展，海神信仰意识必然愈加浓厚。

（二）秦汉社会海神信仰的特征

海神作为崇拜的对象，从先秦到秦汉发生了明显的变化，秦汉时期的海神形象在继承了先秦原型的基础上逐步变化，其作为神灵本身的自然性在减弱，人格化趋势更加明显。伴随海神社会功能的不断加强，从某种意义上，海神信仰呈现出秦汉海神信仰人格化、世俗化、社会性的特点。秦汉时期，海神信仰已朝人格化趋势发展。海神在先秦时期的形象基本是"人面鸟身，珥两蛇，贱两蛇"类似人与动物的混合体，从一定程度上保留着原始图腾崇拜的痕迹。而到了秦代，海神形象已局部发生了改变，《史记·秦始皇本纪》记载，秦始皇曾经梦见海神，占卜梦因，博士曰："水神不可见，以大鱼蛟龙为候"，可以看出，秦代海神的形象较先秦时期有局部的人格化色彩，但是其形象仍没有完全脱离人兽同体的图腾崇拜范畴。汉代，海神形象已逐步实现了人格化，《神异经》记载，"西海有神童，乘白马，出则天下大水"。左思在《吴都赋》中记载，"江斐于是往来，海童于是宴语"。这里的"神童""海童"均指的是海中的神灵。这些海神从形象上来看已经完全人格化了，已从人兽同体的图腾中解放出来，成为人格化的神。两汉时期，像对河伯那样对《山海经》中记载的海神的名字加以变化，由原来半人半兽形象的禹虢、禹京、不廷胡余等变成了民众容易接受的冯青、阿强等名字，其信仰的内容已处于人格化状态。海神信仰在秦汉时期还表现出世俗化的特点，世俗化是由神圣的神灵向人格神转化的过程。秦汉时期，神灵的世俗化倾向已很明显，世俗化的程度也越来越高，诸多神灵已像俗人一样被配以夫人。《史记·六国年表》记载，秦灵公八年"初以君主妻河"，《索隐》曰："初以此年取他女为君主，君主犹公主也。妻河，谓嫁之河伯。"❷这里的河伯即为河神，

---

❶《汉书》卷二十四上《食货志上》，1141.
❷《史记》卷十五《六国年表》，705.

从为河神娶妻的行为可以看出，河神在人们心目中已成为具备人欲的俗神。同为水神的海神在秦汉时期也有了具体的姓名，并且也拥有了夫人，如东海神冯青、夫人朱隐娥，西海神勾丘百、夫人灵素简等，其世俗化程度可见一斑。《博物志》中记载，"武王梦妇人当道夜哭，问之，曰：'吾是东海神女，嫁入西海神童'"❶海神也像社会中的俗人一样被赋予婚嫁的风俗礼仪。从材料中得知，婚嫁的女方似乎还不是很同意这门婚事，她的行为和举动已经脱离了海神的神圣感，反而表现得更加世俗化。分析秦汉时期海神世俗化原因我们可以得知，该时期虽然神仙信仰仍很兴盛，但是随着人们思想理性水平的提高，他们学会根据需要按照自己的意志去塑造一些人化神灵，进而代替那些对自然物本身的崇拜，使神灵的神秘性逐渐退化，这样海神信仰在秦汉时期表现出世俗化的特征就不难理解。社会性也是秦汉时期海神信仰的又一突出特性。秦汉时期海神形象发生了一定的变化，人格化趋势明显，海神崇拜也由自然神向人化神发展，这些变化都与秦汉社会正统思想有关。汉武帝以后，儒家思想占据统治地位，在政治上提倡积极入世，思想上倡导以儒家独尊的大一统观念，在天命神鬼观上主张重人事轻鬼神。孔子倡导注重人事"不语怪、力、乱、神"，在行为上提出"未能事人，焉能事鬼"。海神信仰作为民间信仰的一部分，自然也摆脱不了整个社会大环境的影响，致使海神信仰变得越来越社会化、越来越实用。以农业为主的秦汉社会里，雨水似乎变得格外重要，掌管他们的无非是水神、海神等神灵，祭祀他们祈求风调雨顺的记载在秦汉典籍中比比皆是。汉代，海神的形象也逐渐与传说中的龙联系起来，造龙祈雨的出现也恰好说明了汉代海神信仰朝更加实用性趋势发展。祈雨在汉代是民间常见的行为，这说明此时包括海神信仰在内的信仰方式已经下移，普通民众也开始接触到神灵，用自己的方式与神灵沟通，受官方所垄断的信仰已开始松动，而社会化信仰逐渐成为社会主流。

三、秦汉时期的海洋文学艺术

（一）秦汉时期的海洋文学艺术概况

秦汉时期，海洋文学与时代精神结合在一起，表现出了新的发展和特色，

---

❶（晋）张华，范宁.《博物志校证》卷七《异闻》［M］.北京：中华书局，1980.

人类对于海洋的认识和理解更加深刻，尤其是在两汉的文学创作中，那些谱写海洋的瑰丽诗赋，尤其是那些游览海洋的赋作，上承《庄子》《山海经》，向人们展示了大海景色的壮观，海中珍奇灵异的瑰丽，表达了对海上仙境的神往和对现实人生的感怀，体现了海洋文学创作特有的艺术魅力；❶ 这一时期的海洋文学传承了先秦时期海洋文学艺术的审美意识，并有了独立的海洋思考，对后世海洋文学影响巨大。秦汉时期，方士们的"海中仙人"的海洋想象和传说，在统治阶层颇受欢迎，以至于促成了秦皇汉武的海上巡游和寻仙，同时海洋神话和传说在民间也流行，如"蓬莱仙岛""徐福东渡"等，海洋神话与传说实际上是海洋文化传播交流的重要载体；海洋文学艺术由想象转向现实，更多的把具体的海洋景象和海洋生物作为叙事对象，以海岛、海浪、海风、海鸟、海鱼等为具体对象展开，体现了作者对海洋的澎湃激情，融合了作者的独立思考，使海洋文学更丰富生动，言之有物，可读性强。如曹操的《观沧海》就是其中的杰出代表，"东临碣石，以观沧海……"篇，❷ 这里海洋不再是想象的虚无飘渺，而是诗人传情达意、抒发胸怀的现实对象。

（二）先秦秦汉时期的海洋文学艺术❶

海洋文学艺术，包括的范围很广，内容十分丰富。广义地说，在人类的海洋文化史上，人类一切具有审美价值的涉海文学艺术创造，都属于海洋文学艺术的范畴；狭义地说，海洋文学艺术是指那些主旨在于通过审美形象塑造来表现海洋、表现人类涉海生活的文学艺术作品。因塑造和表现的手段、方式及其作品的时间、空间呈现形态不同，海洋文学艺术可分为文学、舞蹈、音乐、绘画、雕塑、戏剧等。❸ 但在我们的先人那里，自古就是诗、歌、舞三位一体，甚至连绘画、雕塑、戏剧都是综合一体的，实际上就是我们今天所谓的"综合艺术"。这种"综合艺术"虽然在后世被分了家，但很多时候依然难舍难离。至于反映或表现同一题材和内容的艺术，艺术门类之间的重叠交汇现象就更多了。我们现在分析认识的先秦秦汉时代的海洋文学艺术，在很多情况下就是这种重叠交汇的"综合艺术作品"。

---

❶ 曲金良.中国海洋文化史长编（先秦秦汉卷）［M］.青岛：中国海洋大学出版社，2008.

❷（宋）郭茂倩编《乐府诗集》卷三十.

❸ 曲金良.海洋文化概论［M］.青岛：中国海洋大学出版社，1999.

先秦秦汉时代的海洋文学艺术作为先秦秦汉时代人们对海洋认识、感知的精神创造，是我们祖先对海洋的理解、对海洋的感情、与海洋的生活对话的审美把握和艺术体现，是我们祖先的海洋生活史、情感史和审美史的形象展示和艺术记录，是我国海洋文化史上重要的精神财富。哪里有我们祖先的海洋生活，哪里就会产生我们祖先的海洋文学艺术创造和传承。先秦秦汉海洋文学艺术的作品一定是浩如烟海、灿若群星，却不知有多少没有被以文字语言的形式记录下来，有多少没有被以造型艺术或绘画艺术的形式保存下来；也许还有很多很多没有被我们在古代文献里发现，还有很多很多没有被我们在考古作业中发掘，对于这些，我们还是满怀祈望，希冀有一天我们还会有新的发现、新的惊喜，但我们先人们那激情的歌喉，那跳动的舞姿，那虔诚的讲述，那逼真的扮演，那刻画、造型时的冲动……那一切一切的创作和传承过程，我们是再也听不到、看不到了。

（三）秦汉时期的海洋文学创作 ❶

秦汉时期，尤其是两汉时期，中国的海洋文学获得了长足的发展。究其原因，主要有以下四个方面：

一是秦代统一文字以后，文学的文本化变得容易起来，许多海洋文学作品同其他内容和题材的文学作品一样，产生以后容易得以记录保存，从而易于流传和为后人所鉴赏。

二是滥觞于燕齐等国及其他沿海文化发达地区的"鱼盐之利""舟楫之便"以及海外交通、海上移民等海上生产生活进一步得以发展，加之秦汉时期国土疆域得以统一和扩大，东南沿海地区也纳入了统一的版图，中国的海洋文化从总体上愈发丰富多彩和发展繁荣起来，人们对海洋的认识更多了，对海洋的感知感受更丰富了，生产力的提高和物质生活的发展使得人们的艺术创造力和审美愉悦需求也进一步发达起来，因而海洋文学的进一步发展，成为中国文学史发展的必然。

三是由于秦汉时期国家版图大统一后沿海地区所占国土面积比例扩大，涉海人口所占比例增长，海洋产品及其他因海而获的物质财富所占比例增多，这些对于上层统治者来说都变得愈发举足轻重，因而他们也十分看重海洋，

---

❶ 王庆云.中国古代海洋文学发展的历史轨迹［J］.青岛海洋大学学报，1999（3）；曲金良.中国海洋文化史长编（先秦秦汉卷）［M］.青岛：中国海洋大学出版社，2008.

秦始皇、汉武帝的多次巡海，就是明显的例证。尽管秦皇汉武们东来巡海的动机有海上神仙的信仰在其中，以求亲眼见到海上神仙们的生活面貌，并求得长生不老的方药，但确实又有进一步巩固沿海疆土及其统治、并以图进一步扩大其海外势力范围的用意。他们浩浩荡荡，声势大举，刻碑立石、筑台迁户、祭海祷神，既颂其德，又宣其威，更壮其势，因而更加强化了国民的海洋意识，文人雅士们也就愈发地把海洋作为其创作的题材，这就愈发促进了海洋文学创作的繁荣。

四是秦汉时期，尤其是两汉时期，由于神仙方术家推崇老、庄之学为宗，道教产生，并发展传播迅猛，神仙、长生之说及其信仰更为昌炽，关于海的意识、海的观念即使仅在民众信仰这一层面上也变得愈发普遍起来；同时，印度佛教不仅从北路陆路传来，而且从南路海路传来，一方面佛教经典经义中多涉及海洋，另一方面佛教在海路入华过程中又使许多佛经佛义佛僧的形象海洋化了，如后世的"南海观世音"等也成了海神，"海天佛国"信者如云，钟鼓之音不绝，就是最好的说明。这些都刺激和丰富了中国海洋文学的创作发展。

这一时期的海洋文学，成就主要表现在以下几个方面：

（1）史家大书其事。《史记》《汉书》等史家之书，大多长于文采，后世也多视为文学典范，其中犹以《史记》最被人推重。我们仅以《史记》为例来看史书中对于涉海之人之事的记述，有很多完全可以看做如同今日的报告文学或传记文学。比如关于三皇五帝及其后世世系的追根求源，其中有很多涉海的神话传说；对周边尤其是沿海民族区域及其海外诸国人民特性与生活方式的描述；对齐、燕诸王的经营海洋；对秦始皇及二世、汉武帝等的东巡视海等，都记述、刻画得形象生动，有声有色。如《史记·封禅书》所记，都写得极为摹真传神，形象生动。其他如班固的史著《汉书》《淮南子》《列子》等托古子集，也多有涉海的描述。

（2）神仙家、博物家、小说家、道家佛家以及道教佛教大张其说。神仙家、博物家、小说家、道家佛家及其宗教宣传著述，后世多视为志怪小说。他们承继先秦诸子和《山海经》及方士谶纬之绪，更张而皇之，其作品中对海洋的面貌和信仰等，描述、铺排更为广博系统、具体细微、形象生动，艺术手段的运用更为娴熟多样，熠熠生辉。其中如《神异经》《洞冥记》《十洲记》《列仙传》《神仙传》《异闻记》等，涉海故事甚多，不胜枚举。我们这里举《十洲记》中数例，以见一斑。

　　《十洲记》，又称《海内十洲记》《十洲仙记》《十洲三岛记》《海内十洲三岛记》等，托名西汉东方朔撰，史家考证为后人伪托，史书有录为地理类者、道书者，也有人径称其为"道家之小说"（晚清陆绍明，见《月月小说发刊词》，《晚清文学丛抄·小说戏曲研究卷》），是书宋张君房《云笈七签》卷 26 录全文，分序、十洲、三岛凡三部分。内容叙汉武帝听王母讲八方巨海中有十洲，遂向东方朔问讯，东方朔为之细说端详。这十洲是：祖洲、瀛洲、玄洲、炎洲、长洲、元洲、流洲、生洲、凤麟洲、聚窟洲；还有沧海岛、方丈洲、蓬莱山、昆仑山之大丘灵阜、真仙神宫、仙草灵药、甘液玉英、奇禽异兽等，上面紫宫金阙琼阁，众仙林立纷纭，岂现实世界可能比之？张皇得令人向往而又实不可及——那毕竟是古人思想信仰中和艺术中的海洋，而非世界上真实的海洋。八方巨海中自然多有岛屿、国家，风景风情和人文建筑等自然与内陆不同，但无论如何那也是现实世界，且不说大多人未能亲抵实见，即使亲眼抵达察访，哪里会有什么太玄都、太帝宫、太上真人、鬼谷先生、天帝君、西王母、金芝玉草、长生不老之人？但既然是小说家言，毕竟有其信仰的和艺术的双重感染作用力：

　　祖洲，近在东海之中，地方五百里，去西岸七万里。上有不死之草，草形如菰苗，长三四尺。人已死三日者，以草覆之，皆当时活也。服之令人长生。昔秦始皇大苑中多枉死者，横道有鸟如乌状，衔此草覆死人面，当时起坐而自活也。有司闻奏，始皇遣使者赍草以问北郭鬼谷先生。鬼谷先生云："此草是东海祖洲上，有不死之草，生琼田中，或名为养神芝。其叶似菰苗，丛生，一株可活一人。"始皇于是慨然言曰："可采得否？"乃使使者徐福发童男童女五百人，率摄楼船等入海寻祖洲。遂不返。福，道士也，字君房，后亦得道也。

　　沧海岛，在北海中，地方三千里，去岸二十一万里。海四面绕岛，各广五千里，水皆苍色，仙人谓之沧海也。岛上俱是大山，积石至多…（长生仙草）百余种，皆生于岛石，服之神仙长生。岛中有紫石宫室，九老仙都所治，仙宫数万人焉。其铺张扬厉可见。此书值得重视之处还在于，它把先秦即已张扬得沸沸扬扬的海中三神山之说、西汉即有的"十洲三岛"并称之说敷衍成了一个系统的海上神仙世界，必然对后世的海上传说起到了推波助澜的作用。

　　（3）辞赋、诗歌之作日多。先说赋家之作，其中以汉赋的文学成就最为文学史家所重。汉赋中写海的，今知如司马相如著名的《子虚赋》，对楚国和齐国的丰饶和富足，极尽铺排之能事，其中写到齐国的内容，"且齐东渚巨海，南有琅邪，观乎成山，射乎之罘，浮渤澥，游孟诸。邪与肃慎为邻，右以汤谷为界；秋田乎青丘，彷徨乎海外"云云，实际上就是一篇张扬"海王之国"的赋作。鲁迅称其"广博闳丽，卓绝汉代"(鲁迅《汉文学史纲要》)，其对后世的影响可知。班彪的《览海赋》，则完全是写海、写对海的游思与畅想的：

余有事于淮浦，览沧海之茫茫。悟仲尼之乘桴，聊从容而遂行。驰鸿濑以缥鹜，翼飞风而回翔。顾百川之分流，焕烂漫以成章。风波薄其徜徉，邈浩浩以汤汤。指日月以为表，索方瀛与壶梁。曜金缪以为阙，次玉石而为堂。龚芝列于阶路，涌醴渐于中唐。朱紫采烂，明珠夜光。松乔坐于东序，王母处于西厢。命韩众与岐伯，讲神篇而校灵章。愿结旅而自托，因离世而高游。骋飞龙之骖驾，历八极而回周。遂竦节而响应，勿轻举以神浮。遵霓雾之掩荡，登云途以凌厉。乘虚风而体景，超太清以增逝。麾天阍以启路，辟闾阖而望余。通王谒于紫宫，拜太一而受符。❶

东汉初年班彪的这一《览海赋》，是中国文学史上第一篇海赋。今存36句，采用游览赋体写法，开头说明览海之缘起，继而记述对海的总体印象，然后展开想象，描绘海上仙境：以金玉为堂，列灵芝于路，醴泉涌出，明珠夜光。其中多有神仙，"松乔坐于东序，王母处于西厢，命韩众与岐伯，讲神篇而校灵章。"作者自己很愿意与他们"结旅而自托""离世而高游"。结果和列仙一道畅游太空，并进入天庭，"通王谒于紫宫，拜太一而受符"。结尾似欠完整，可能有残缺。此赋名为览海，实写游仙。海与仙，仙与海，浑然一体，令人浮想翩然，可以看出《离骚》的影子。如此神妙诱人的海上仙境，无怪乎齐威、齐宣、燕昭、秦皇、汉武等那么神往。

若非对海洋有较多的认识了解，断然写不出；若非对海洋有丰富且美妙的玄想和信仰，断然写不出；若非有对海洋的热爱并有艺术大家的磅礴气度和文学表现力，更断然写不出。再看这一时期的诗人们的咏海之作。最为人称颂的，莫过于曹操的《观沧海》：

东临碣石，以观沧海。水何澹澹，山岛竦峙。树木丛生，百草丰茂。秋

---

❶ 费振刚，等.全汉赋［M］.北京：北京大学出版社，1993：252.

风萧瑟，洪波涌起。日月之行，若出其中。星汉灿烂，若出其里。幸甚至哉，歌以咏志。

这位杰出的政治家、军事家和诗人，面对大海的壮阔与苍茫，歌以咏志，其叱咤风云的博大胸怀、凌云壮志和苍凉、悲壮的情感交集为一，胸中的大海意象丰满而又诗笔简约，激情奔涌而又用语朴实，这样就更能带给人以充足的品味流连、感慨唏嘘的空间，获得无尽的审美艺术享受。

按这一时期的海洋辞赋、诗歌创作，由上可见，主要是亲近海洋的游览审美鉴赏。此风肇始于先秦，孔子就曾提出要"乘桴浮于海"，且要干脆搬到海边去生活，惜未知是否曾经成行。《论语·公冶长》一章：子曰："道不行，乘桴浮于海，从我者，其由与？"子路闻之喜。子曰："由也好勇过我，无所取材。"此事历来为学家所重。朱熹《四书集注》："程子曰：浮海之叹，伤天下无贤君也"刘宝楠《论语正义》引颜注："言欲乘桴筏而适东夷，以其国有仁贤之化，可以行道也。"王夫之《四书稗疏》："盖居夷浮海之叹，明其以行道望之海外。"《汉书·地理志》将孔子欲浮海与《论语·子罕》篇的"子欲居九夷"一语相参证，说明班固也认为浮海的地点就是齐国东部的大海；《说文·羊部》："唯东夷从大，大，人也。夷俗仁，仁者寿，有君子不死之国。孔子曰：道不行，欲之九夷，乘桴浮于海。有以也。"

海上游乐之举在春秋时期以前既已出现，《拾遗记》载"帝与娥皇泛于海上"，❶《帝王世纪》载："（夏桀）与妹喜及诸嬖妾同舟浮海"❷ 而到了春秋时期，这种现象依然存在，《左传》载齐景公问晏子："古而不死，其乐何如？"齐景公"游于海上而乐之，六月不归"，❸ "奚谓离内远游？昔者田成子游于海而乐之，号令诸大夫曰：言归者死。"❹说明春秋时期齐景公有海上游乐之举，更是不虚的事实。

---

❶《太平御览》卷9引．

❷《太平御览》卷82引，《列女传·夏桀妹喜》同．

❸《说苑·正谏》．

❹《韩非子·十过》．

第四章 隋唐时期的海洋发展

魏晋南北朝时期是中国历史上大分裂、大变动的时期，也是各民族大迁徙、大融合的时期，这一时期国家分裂，政权割据，朝代更替频繁，这就使得各统治者均希望通过战争来打破分裂、鼎立的局面，从而达到"天下一统""中华一体"的目标；战乱不已的局势对海域发展、海外贸易往来影响深远。

隋朝结束了三百多年的魏晋南北朝以来国家分裂的局面，重新统一了中国，这是中国历史上非常重要的一件大事，隋唐时期海外贸易兴盛，海上贸易的繁盛促进了海洋经济的发展；国家的统一、大运河的开凿、海外联系的加强等，都直接为后来海洋文化的大发展奠定了基础。隋朝时间短，很多东西到了唐代才得以展开；唐朝是中国封建社会的鼎盛时期，社会生活中的很多领域都充分发展起来，中国海洋文化也在唐朝日趋繁荣，取得了突破性的进展，航海事业繁荣发展，"海上丝绸之路"全面兴旺，设立了管理海外贸易的市舶司，造船工艺技术先进，船舶坚固巨大，远海航迹达红海与东非海岸。对海洋的认识更加科学全面，如对潮汐的认识就比较系统科学。造船业更加发达，助推海上丝绸之路延长；东南沿海贸易港口和城市勃然兴起，市舶使的海外贸易管理制度，使港口普遍繁荣，登州、莱州港时为名噪中外的航海贸易大港和通商贸易的周转中心；中外海洋文化交流大大扩展，海洋民俗信仰和海洋文学艺术大为丰富，海洋文学作品形式多样，特别是写海或涉海的大量唐诗，构造出若干形象鲜明、意蕴丰满的海洋意象；即使"安史之乱"，海上丝绸之路和海外贸易也没有中断。❶

---

❶ 曲金良. 中国海洋文化史长编（魏晋南北朝隋唐卷）［M］. 青岛：中国海洋大学出版社，2013.

第一节　隋唐时期人们的海洋意识与海洋活动 ❶

海洋在人类文明的历史发展中起着非常重要的作用，这种作用随着人类征服自然能力的提高而不断加大。隋朝虽时间短暂，但为唐朝海洋文明繁荣发展奠定了扎实的基础，海洋文明成果到了唐代才得以展开；中国海洋文化也在隋唐时期日趋繁荣。当一个强盛的隋唐王朝出现在太平洋西岸的时候，人们对海洋的好奇心随之高涨，这一时期奋发向上的创新风气和对外开放的远大气魄，使得这个时期的海洋活动展示出更多的活力，人们一步步靠近海洋、认识海洋、探索海洋、开发海洋。唐朝时期把大海当作世界上最浩瀚的水域，不但百川所归，万物所赖，为人类提供了无限驰骋的想象空间，广阔的海洋包孕着神奇的魅力和无穷的资源，等待人们去探索、去开发。海洋色彩开始弥漫文化领域，其中最显著的特点是描写海洋的文学作品渐次增多，由于好奇心的驱使和海洋知识的积累，一些文人调转笔锋，直接染墨于海洋世界。虽然很多作品是在描绘海水海景海物，但其中寄托着唐朝人对海洋的巨大兴趣和由衷向往，从多种角度反映出唐人对海洋认识境界。

由于人们海洋意识的增强，对海洋方面的科学探索活动也就随之产生，其中涉及了海洋气象、海洋物理、海洋地质地貌以及海上导航等多项领域。从气象学方面看，人们对风有了较多认识。李淳风在《观象玩占》卷四四"风名状"中，根据大风不同风力所呈现的现象，记录出各类风的名称和形态。在海洋物理的探索方面，我国古代最突出的成就主要集中在解释潮汐现象，正是由于唐朝人对海洋风力和潮汐的不懈探索，人们积累出较为丰富的海洋水文气象知识，并且在航海活动中有效地加以运用。海洋地质地貌一直是唐人比较关注的领域，因为唐代的航海活动频繁，航海者需要具备这方面的知识以保证航海的安全和航路的准确。唐代航海者正是根据海洋地质地貌的知识，使用了地文导航的技术。这种地文导航要首先考虑里程与方位，保证船舶的行驶和安全抵达。天文导航在航海中已经起着不可低估的作用，这一时期的天文航海技术，大体处于天文定向导航阶段，这种技术只能通过观测天体来辨别本船的航向，保持航路的正确行驶，而不能在毫无陆标的海洋中判

---

❶ 王赛时. 唐朝人的海洋意识与海洋活动. 唐史论丛（第八辑），2006，1.

定本船所在的地理位置。即使如此，日、月、星宿的天文标识仍然发挥着特定的指向作用。

当满怀自信的唐朝人对海洋充满了兴趣，投入极大的关注，在海洋科学方面做出了成功探索，并在此基础上提高了航海技能之后，唐人出海者日益增多，通向外界的海路也就显得格外繁忙。唐人或选择海路旅行往来，或利用海路从事商贸交易，就连唐朝廷也通过海上航道来运输物资，并从事军事行动。总之，敢于面对海洋、利用海洋的唐朝人远胜前代。

唐代的海洋活动包含着丰富的内容，处处显示着唐人征服海洋的坚志雄心。唐朝处于我国封建社会的鼎盛时期，高涨的国力激发了人们对外界的求知愿望，强烈的自信又使国门向海外全面打开，人们一步步摸索出更多的海上空间。

第二节　隋唐时期海上丝绸之路与海外贸易

一、海上丝绸之路

海上丝绸之路又称"海上陶瓷之路""海上香料之路"，1913 年由法国的东方学家沙畹首次提及，形成于秦汉时期，因大量的中国丝绸和丝织品皆经此路西运，故称丝绸之路；古代中国通过海上丝绸之路往外输出的商品除丝绸外，还有瓷器、茶叶和铜铁器等，而输入国内的则主要是香料、花草及一些供宫廷赏玩的奇珍异宝。海上丝绸之路始于秦汉时期，是对陆上丝绸之路的一种补充，但南北朝时期战争频繁，陆上丝路受到中断、阻隔，海上丝绸之路得到开辟与发展，进入隋唐时期海上丝绸之路日渐兴起，大有取替了陆上丝绸之路之势，逐渐成为我国对外交往的主要通道，到明初郑和下西洋时，海上丝绸之路的发展达到巅峰。

海上丝绸之路是古代横贯亚洲的交通要塞，隋唐时期海上丝绸之路进一步发展，成为中国与外国贸易往来和文化交流的海上大通道，促进了欧亚非各国和中国的友好往来。中国的丝绸和瓷器，一直都是最受欢迎的外贸产品，从汉朝开始，以长安或洛阳为东起点，经甘肃、新疆，再到中亚、西亚，最后到达地中海沿岸，通过这条重要的贸易通道把中国的丝绸和瓷器运输到亚欧各国，这种贸易一直延续了几百年之久。德国地理学家李希霍芬在 1877

年出版的《中国亲程旅行记》中，第一次给这条道路起名为"丝绸之路"，并详加论述；随后又提出了"海上丝绸之路"的概念，此后"海上丝绸之路"的提法便广泛流传，"海上丝绸之路"是中国继"丝绸之路"后开辟的第二条对外贸易路线，在陆上丝绸之路发展的同时，中国的丝绸、瓷器等物品，也在通过海路源源不断地运输到国外，这不仅仅是一条贸易之路，还是一条朝贡之路，文化交流之路。在汉代即有海上丝绸之路的记载，当时中国船舶从广东、广西等地的港口出海，沿中南半岛东岸航行，最后到达东南亚各国；相比较陆路，海路运输的优势非常明显，对于中国瓷器来说，再也没有比海运更加便捷和安全的运输方式，这条航线也被称为"陶瓷之路"，这条航线显然早已超出东南亚的范围，而是穿过南海，驶过印度洋，到达波斯湾各国，甚至非洲东海岸的许多港口也有中国瓷器出土。日本现代学者三上次男以极大的兴趣，考察了中国从唐末以来逐渐频繁使用的海上贸易路线，即从中国的东南部海港出发，一方面通向南太平洋诸国，另一方面到达阿拉伯、东非和西欧，并称其为"陶瓷之路"。现在的每一次海底打捞，我们都惊喜地发现，这些沉睡于海底 200 年、300 年甚至 800 年的中国瓷器，绝大多数来自同一个产地——中国景德镇。❶

二、隋唐时期的海外贸易

随着造船业的进步和航海技术的提高，隋唐时期更加关注海外贸易，航海贸易和运输业也有了很大发展，南北各港口之间的沿海航海贸易与运输越来越频繁，至唐代，海外贸易高度繁荣，故海上丝绸之路比以前更为发达，直航能力大增。唐朝与日本交通主要是黄海道与东海道，从登州海行可以到达朝鲜，并经朝鲜可以到达日本。隋朝为了开辟南洋的海洋贸易，遣使从广州出海，出使马来西亚并带去大批的丝织品；唐代海洋贸易迅速发展，并在整个对外贸易中占有相当重要的地位，隋唐时期的私人海洋贸易的逐渐兴盛，出现了海洋商人；远洋来华贸易的阿拉伯、波斯、印度、南洋诸国商船云集广州，中国的丝织品、瓷器以及其他手工业物品前往阿拉伯、波斯、南洋诸国进行贸易，随着航海技术进步和造船技术提高，近海和远洋贸易十分活跃，海洋交通运输更加便捷，海洋航行续航能力持续增强。

---

❶ 景外轩. 施及世界的景德镇瓷器［N］.景德镇文明网，2011-7-11.

隋唐时期空前繁荣的海洋贸易，促使官府越来越重视海洋经济和海外商船管理，市舶使便应运而生。市舶使是官名，玄宗开元二年（公元714年）设置，创设市舶使于广州，市舶使起源于互市监，是我国历史上最早设立的专门的海外贸易管理机构，职责主要是征收关税，采购舶来品，监督管理市舶贸易等，市舶使还负有征收舶税的任务；每当外船到时，须奉报市舶使，由市舶使登记船上的货物、人数，收缴舶脚(或称下旋税，即今之吨位税)，把宫廷需要的珍异及进奉之物收买下来。此外，为防止外商欺诈或漏税，官府还必须检阅输入的货物，谓之阅货，未经阅货，不得贩卖交易；❶随着海外贸易日益频繁，隋唐时期朝廷都奉行积极开放的对外政策，吸引海外贸易，设立管理海外贸易的市舶使正当其时，进一步促进了海外贸易和中外海洋文化交流，涌现出了登州、扬州、广州等一批对外开放交流的重要港口。

第三节　隋唐时期的造船业与港口城市

一、隋唐时期的造船业

隋唐时期是我国古代社会的鼎盛时期，社会生产力高速发展，也是造船业迅速发展的时期，造船工艺技术先进，船只成为常见的海洋交通工具，《旧唐书·崔融传》载"天下诸津，舟航所聚，旁通巴汉，前指闽越，七泽十薮，三江五湖，控引河洛，兼包淮海；弘舸巨舰，千轴万艘，交贸往还，昧旦永日"；❷造船业和国计民生密切相关，隋唐时期政府重视造船业，对外贸易开放开明，当时造船业规模大，用途广，在军事、政治、经济、海外交往等领域得到广泛应用，"隋唐时期"是古代中国造船业发展史上的重要时期；随着中外往来和海上贸易的发展，海上航路有了新的开拓和突破，"隋唐造船的水密隔舱技术、钉榫结合技术的先进性以及在机械动力装置方面的发展等已成为学术界定论"，❸隋唐时期的船舶无论是大小数量、工艺设备都发展到一个较高的水平，造船技术的发展还体现在商船、军船上，如军船有楼船、蒙冲等；当时的长江流域是全国造船业的中心，坚固宽大的商船则

❶ 李金明.唐朝对外开放政策与海外贸易［J］.南洋问题研究，1994.
❷ （后晋）刘昫.《旧唐书·崔融传》卷94［M］.北京：中华书局，1975.
❸ 中国古代造船发展史编写组.唐宋时期我国造船技术的发展［J］.大连理工大学学报，1975（4）.

为海上贸易的发展提供了可能和必要的物质条件，也为中国与其他国家的交流往来和物品贸易提供了安全可靠的交通工具，隋唐时期用于航海运输的海上丝绸之路已逐渐取代陆上丝绸之路而成为主要的对外交通运输路线，这是因为陆上"丝绸之路"已经不能满足日益扩大的海外贸易需要，而南部海路则比较便捷、经济，商品不容易损耗，加上远在海岛的国家或地区，只有海路才能到达，而陆上"丝绸之路"是无法到达的；海路还具有运费低，安全可靠，运输时间快等优点；随着航海技术与造船业工艺技术的提高，海路的优越性就愈发地显示出来了；也正是因为这一时期海外贸易非常之繁忙，远洋贸易主要依靠海上"丝绸之路"就是水到渠成的事情了。

隋唐时期水运交通空前发达，推动了造船业的迅速发展。从地理分布来看，隋唐时期造船业分布广泛，相比前代在地域上有很大的扩展，制造的船只广泛应用于国计民生的各个方面，成为隋唐造船业迅速发展的表现，具有鲜明的时代特点，在史书上留下了浓墨重彩的一笔。

（一）隋代造船业的发展 ❶

隋代国力强盛，隋文帝发动对陈战争、平定江南叛乱，实现了全国统一和国家稳定。隋炀帝登基后，开凿南北运河，完善了水运交通网络的建设，为了满足巡幸江南的欲望，大规模制造豪华龙舟。在对外方面，杨氏父子发动对高丽战争。这些行为推动了造船业的迅速发展，隋代成为造船史上的一个重要时期。长江流域是隋代造船业分布的中心地区，隋文帝、隋炀帝都在长江流域制造了大量船只，使其成为隋代造船业分布最为集中的地区。隋文帝时，长江中上游流域是造船业的重心。到了隋炀帝时期，隋代造船业的重心也经历了从长江中上游向下游变迁的过程。其次，位于今山东半岛的东莱地区也是隋代重要的造船基地。隋代为了跨海征高丽，在东莱地区制造了大量渡海船只，极大推动了当地造船业的发展。除此之外的其他地区虽然也有造船业分布，但在全国范围内的地位无法和长江流域以及东莱地区相比肩。隋代造船业分布最为集中的地区是长江流域沿岸诸州。隋文帝时，政府重视长江中上游地区的造船业，在此制造了大量战船，造船业发展迅速，成为全国造船中心。长江中上游具有良好的造船业基础，成书于西晋时期的《荆州

---

❶ 姜浩.隋唐造船业研究［D］.上海：上海师范大学，2010.

土地记》记载："湘州七郡，大艑之所出，皆受万斛。"隋炀帝时期，是隋代造船业发展的鼎盛时期。这一时期，造船业中心开始由长江中上游地区向长江下游地区转移，长江下游的造船业发展速度加快，成为全国造船业的中心。隋初，长江下游的江淮、江南地区造船业已经有所发展。隋炀帝时，南北运河开通，江南经济繁华，长江下游造船业发展更加迅速，成为全国造船业规模最大的地区，为了巡幸江南，隋炀帝下令在江淮、江南地区制造龙舟。隋代造船业中心经历了长江中上游流域向长江下游流域转移的过程，这和隋代社会发展有密切关系。隋前期造船业分布集中于长江中上游沿岸诸州，主要是由于军事战争的需要。隋文帝时，无论是对陈战争还是平定江南的叛乱，主战场都是长江流域。文帝为了实现国内统一和平定叛乱，在长江中上游制造大量战船充实水军，借助长江中上游的地理优势自上而下顺流进军，以实现战略上的胜利。官府大规模造船活动突出，政府性行为造船成为推动隋代造船业发展的主要动力，这是隋代造船业发展的最大特点。造船业是隋代手工业中发展迅速的部门，其发展与整个时代背景有紧密的联系。隋代自建国起便进行了一系列战争，首先是对陈战争以及平定江南战争，继而又发动了对高丽的战争，船只在这一系列战争中起到了重要作用，战争成为推动造船业发展的重要因素。另外，隋炀帝时期大规模制造龙舟的行为也极大推动了造船业的发展。因此，隋王朝虽然只经历了短短的两代便分崩离析，支离破碎。隋历两代，在这短短的 37 年历史中，官府组织进行了多次造船，规模之大在中国造船史上屈指可数，所造的船只主要用于战争和供统治者享乐。

（二）唐朝造船业发展特点●

唐朝特别是后期，造船业的发展水平达到了前所未有的高度。这一时期无论是官府还是民间都制造了大量的船只。船只在对外战争中的应用不再像隋唐时期那么明显，政府大规模造船行为也开始减少。但伴随着国内经济的发展，造船业的发展达到了一个新的高度。造船业分布比唐前期更加广泛，尤其是唐末由于藩镇割据的形成，地方势力为了能够割据一方在辖区内大量制造船只增强水军实力，这使得很多藩镇形成自己的造船中心。总体来说，唐后期造船业的发展形成了新的特点，具体总结如下：

● 姜浩.隋唐造船业研究［D］.上海：上海师范大学，2010.

（1）商船数量明显增多。唐后期，伴随着商业的发展，商船数量明显增多，江淮地区是隋唐时期最重要的造船基地，唐后期江淮地区的经济开发速度加快，商业发展迅速，被称为"商旅通流，万货不乏"。同时，由于海外贸易的发展，越海商船的制造数量也有所增加。

（2）政府制造船只以漕船为主。唐前期，政府制造了大量战船，或是战争中所需要的运输船只。唐后期，江淮地区逐渐成为经济中心。唐政府对江淮赋税的依赖性加强，相应的对江淮漕运的重视程度也增加。为了保证江淮漕粮的顺利北运，政府制造大量船只用以运输漕粮，其中规模最大的是刘晏在扬州扬子县设十场造船，为官府制造了大量漕船。

（3）不同的水域制造使用不同的船只。唐后期，人们已经明白在不同的水域，制造使用不同的船只。《唐语林》称："淮南篙工不能入黄河。蜀之三峡，陕之三门，闽越之恶溪，南康赣石，皆绝险之处，自有本土人为工。"这说明不同水域的船工对于自己所处的水况更加熟悉，而当时人也明白了水域不同水情也不同，不同的水域情况要制造使用不同的船只的道理。《新唐书·食货志》记载："江船不入汴，汴船不入河，河船不入渭"，这种情况给运输漕粮造成了极大的麻烦，可见，在不同的水域使用不同的船只，可以大大提高船只航行的安全性。

（4）大吨位船只增多。隋文帝时期曾经下诏限制民间所造船只的规模，这使民间造船业的发展，尤其是大型船只的制造受到了很大的局限。隋及唐初也有大型船只，尤其是战船中的大型船只居多，但是到了唐后期伴随造船业的发展，无论是民间还是官府大型船只吨位更大，数量明显增多。

二、隋唐时期的海港城市与海外交流 ❶

隋唐时期人们的海洋意识空前高涨，海洋活动大大扩展，社会文化生活领域弥漫着海洋色彩，海洋已经是文学作品重要题材，海洋的科学探索活动也持续扩大，涉及海洋气象、海洋物理、海洋地质地貌和海上导航等领域。这个时期，唐朝沿海与新罗、日本的海上交往最为频繁，山东境内的登州港和长江流域的江苏扬州港、浙江明州港等都是远海交通的重要港口；唐代的海洋活动包含着丰富的内容，处处显示着唐人征服海洋的坚志雄心；唐朝处

---

❶ 廖伊婕.宋朝近海市场研究［D］.昆明：云南大学，2015.

于我国封建社会的鼎盛时期，高涨的国力激发了人们对外界的求知愿望，强烈的自信又使国门向海外全面打开，人们一步步摸索出更多的海上空间。

（一）隋唐时期的海港城市

隋唐时期海港十分繁荣，登州、扬州、明州、泉州和广州等一批沿海港口城市兴起壮大，是海上丝绸之路的起始点，往来海上丝绸之路的贸易都从这里起程或靠岸，众多的外国商人聚居在广州，广州是有名的海外贸易港口，史称："广州地际南海，每岁有昆仑乘船，以珍货与中国交市"，"广州地当要会，俗号殷繁、交易之徒，素所奔凑"，❶外国商船云集于广州港口，"有婆罗门、波斯、昆仑等舶，不知其数"；❷长江入海处的扬州则是唐时最繁荣的商业城市之一，是南北大运河的枢纽，山东半岛对外贸易港则主要集中在登州，登州是连接朝鲜半岛和日本的重要良港。

吴越开凿巧沟以来，扬州就因有水道连接淮河与长江，其交通地位开始显现。隋朝开凿的北起幽州，南达余杭的大运河，在唐朝得到了充分的利用，尤其是连通长江、淮河、钱塘江的江南运河和扬楚运河，成为唐代漕粮北运最主要的交通线。扬州处于大运河与长江交汇点上，向北接淮河、炸河，沿长江上溯可至湘鄂、己蜀，过江南下可达苏杭，因有南北大运河和长江交通航线交汇之便利，扬州成为辐射中国广大内陆腹地及富庶的江南地区的重要交通城市，从而成就了唐代扬州空前繁华之盛况，唐朝政府致力于发展对外关系，中国与周边国家的对外交往活动十分活跃。东亚、东南亚、南亚乃至西亚等国家或地区的政府使臣、商人及文化传播者，纷纷渡海来华。由于可利用长江入海口直达扬州，并可通过扬州通达四方的交通网络中转，不少来华海舶都把扬州作为停泊港。唐朝时期日本遣唐使，大多经东海抵达扬州，再北上或沿长江西进，达目的地长安；新罗、波斯、大食的商船，也常常泛海而至扬州。日本僧人园仁《入唐求法巡礼行记》写道：扬州"江中充满肪船、积芦船、小船不可胜计"扬州城里建有"波斯邸""波斯店"。9世纪时，阿拉伯地理学家伊本·考尔大贝记东方四大商港，扬州即为其中之一，扬州对外贸易之繁盛可见一斑。

---

❶ 陆贽.《翰苑集》卷一八.

❷ 元开.《唐大和尚东征传》，载冯承钧，《历代求法翻经录》，93.

广州是中国通往南海各国的最近的港口，中国商人南下太平洋和印度洋多通过这一港口出港。中南半岛、菲律宾群岛、印度洋沿岸地区的各国商人到中国，也把广州作为登陆的首选港口。因此，自古以来，广州就与海外国家发生着密切的海上交通贸易活动。隋唐时期，统治者积极开展与四夷诸国的政治经济文化交流，广州的海外贸易也进入了一个新的发展时期。唐朝时期，政权稳定，人民安居乐业，国家繁荣。各国使臣"慕华而来"，贸易活动日益频繁。广州作为至南海诸国的最主要港口，发挥着重要的枢纽作用。唐政府于开元年间在广州设市舶使进行管理，这是中国历史上首次设置专门管理海外贸易的政府机构，足见当时广州在对外贸易中的重要地位。其他还有明州、杭州、建康、荆州、常州、镇江等港口城市或市镇，如泉州也有初步发展。中唐开元六年（公元718年），泉州州治所迁至今泉州城市所在地。州治所的设置，使泉州获得了新的发展机会，中唐诗人包何在其《送泉州李使君之任》中描述了泉州海外交通的繁盛："傍海皆荒服，分符重汉臣。云山百越路，市井十洲人。执玉来朝远，还珠入贡频。连年不见雪，到处即行春"。❶

（二）隋唐时期的海外交流

唐朝的外交使节曾乘船远赴中东，这是目前有籍可考的唐人出海最长里程，唐朝人通过海洋扩大与外界的商业贸易交往，并取得了前所未有的巨大成就，史学界津津乐道的海上丝绸之路便是这个时期海外贸易的突出标志。唐朝处于我国封建社会的鼎盛时期，高涨的国力激发了人们对外界的求知愿望，强烈的自信又使国门向海外全面打开，人们一步步摸索出更多的海上空间。

唐代在东亚国际秩序中占有主导性地位，主要与新罗、日本进行往来。唐代与朝鲜半岛有密切的经贸关系，新罗与唐王朝的藩属关系，使新罗成为中国近海市场的一个组成部分。据统计，从公元618年到公元907年，新罗以朝贡、献物、贺正、表谢等名义派往唐朝的使节有126次，唐以册封等原因派使新罗34次。❷每次外交往来不仅有睦邻友好关系的政治意义，而且也是一次盛大的贸易盛会。日本继汉魏以后继续表现出对唐朝积极主动的交往

---

❶《御定全唐诗》卷208《送泉州李使君之任》.

❷ 杨昭全.中韩关系史论文集［M］.北京：世界知识出版社，1988.

态度。大化改新后，日本更加积极地发展对华关系，向唐朝学习律令制度。见于记载的日本遣唐使有 19 次。日本官方派遣使者和留学生来华，每次往来人员和船队规模大，人员多，通行于以中国登州为目的港的北线和以浙江沿海港口（扬州、明州、杭州）为目的港的南线，目的地主要为长安。唐代与西亚的往来主要通过丝绸之路的贸易进行联系，主要与大食、波斯交往。进入盛唐时，在阿拉伯半岛上兴起的阿拉伯帝国也逐渐强大起来。阿拉伯人素习航海，同中国人民有广泛的经济文化交流。据不完全统计，从唐高宗永徽二年（公元 651 年）阿拉伯首次派人入唐，至唐德宗贞元十四年（公元 798 年）的一百四十八年间，阿拉伯对中国正式派遣使者达互十九次之多，阿拉伯商人、伊斯兰教士也多次从海道到唐经商、传教。❶ 唐与南海诸国的海航线也因而得到扩展，到了阿拉伯海、波斯湾等沿岸地区。唐朝佛教大师义净从海道至天竺取经，回来后著有《南海寄归内求法传》和《大唐西域求法高僧传》两书，是研究七世纪印度、巴基斯坦和南亚等国交通地理的重要资料。

第四节　隋唐时期的海洋信仰与海洋文学

一、隋唐时期的海洋信仰

隋唐时期海上丝绸之路既是一条重要的海外贸易航线，又是一条传播佛教文化的重要通道。佛教传入中国后，不断地与隋唐时期的国情相融合，越来越具有中国特性的表现形式，因而从印度传入的佛教已基本"中国化"了，佛教的观音开始由原先男性神演变为女性神，由于观音在佛教诸神中是为数不多的女性神，且居住在大海中，因此，她成了民间信奉的海洋女神，这一时期出现的观音是我国第一位女性海上保护神，其道场在浙江普陀山上；借助于隋唐时期坚固耐用的海航船舶和高超的航海技能，佛教漂洋过海，由中国向日本、朝鲜等国传播。隋唐时期是我国历史上海神世界格局发生大变化的时期，隋立朝时间短，人们观念中的海神与南北朝时期相比并无多大变化；唐初承袭前朝对四海之神的信仰，唐玄宗时，更加重视四海海神，并册封四

---

❶ 张静芬.中国古代的造船与航海［M］.北京：商务印书馆，1997.

海海神为王，据载"天宝十年（公元 751 年）正月，以东海为广德王，南海为广利王，西海为广润王，北海为广泽王"。隋唐时期，封建帝王为了江山稳固求助于龙神，普通百姓为了风调雨顺也要求助于龙神——四海龙王，龙王是民间信仰中管理东、南、西、北四海海域的龙神；值得一提的是，此时海龙王信仰也开始在民间流行，同时海外的伊斯兰教也传入我国，阿拉伯人出入唐朝沿海地区，经商或定居，在广州建造"怀圣寺"，作为海航的灯塔，也是祈风之处。

二、隋唐时期的海洋文学 ❶

（一）隋唐海洋文学的发展背景

隋唐时期的海洋文学在古代中国海洋文学发展史上具有重大意义，是海洋文学新发展的重要阶段。隋唐是中国封建社会发展的鼎盛时期，也是中西文化交流的繁荣时期，政治经济外交文化的全面繁荣，为这一时期的海洋文学奠定了物质基础。隋唐物质文化的快速发展促进了精神文化的高度繁荣，因此隋唐王朝成为当时东亚甚至世界经济和文化的中心之一。在隋唐文学总体发展的趋势之下，海洋文学也获得了高质量的发展，从而使得隋唐海洋文学能承前启后，成为中国古代海洋文学发展过程中重要的转变期。

隋朝结束了南北朝的混乱分裂状态，开启了一个较长时间的和平统一时期。隋朝立朝时间虽短，但其对于政权的统一为唐朝盛世的出现打下了基础。公元 618 年唐朝建立，在统治初期，统治阶级就极力推行"偃武修文"的治国之策。这种休养生息、逐渐实现政权巩固和维护社会安定的政策符合唐初的社会发展状况，因此唐朝社会出现了政治清明、刑罚宽平、秩序井然的良好状态。这一仁政德治的国策被继续推行下去，成为唐朝社会安定的政治保障。统一安定的社会形势促进了唐朝经济、外交、文化的发展，也使得文学的繁荣成为可能。唐朝时经济得到了迅猛的发展。从贞观至开元（公元 627～742年）的多年间，农业、手工业生产不断发展，斗米不过值三、四钱，而绫棉、陶瓷、纸张、金属制品等都达到了很高的水平。特别是唐朝政府对于商业发展的鼓励和支持，促进了贸易的繁荣。唐朝前期主要依靠陆上丝绸之路，而

---

❶ 王丽华.隋唐海洋文化研究［D］.南京：南京师范大学，2012.

中后期由于经济重心的不断南移，海上丝绸之路成为对外贸易发展的主要平台。贞观时宰相贾耽记载了当时海上丝绸之路的"广州通海夷道"，❶ 唐代的广州、明州等城市都成为了著名的对外港口，大量的外国商人由这些港口蜂拥而至，来中国进行通商贸易。海上贸易的国家之多、贸易额之大，可谓前所未有。海上贸易的日益兴隆，给隋唐政府带来了巨大的经济效益，唐朝政府重要的一项财政收入就来自于市舶之利。经济如此大规模地发展使得唐朝成为当时世界上最富强的国家之一。这为唐朝文学的繁荣奠定了物质基础，而海上丝绸之路的繁荣更成为了唐朝海洋文学发展的重要前提。谢弗在《唐代的外来文明》中写道："在唐朝统治的万花筒般的三个世纪中，几乎亚洲的每个国家都有人曾经进入唐朝这片神奇的土地。随着对外贸易的发展，中国境内涌入了许多外商以及海外国家友人，使著名港口城市普遍出现人口国际化的特征。唐朝政府以博大的胸怀，实行开明的对外政策，友好平等地对待外来人士。"唐太宗曾说过："自古皆贵中华，贱戎狄，朕独爱如一。"权力阶层所倡导的民族平等的道德取向影响了唐朝政府的外交政策，使得外来人士在中国国土之内受到了平等的对待，获得了应有的尊重。各种异质文化纷纷涌入，并与中国传统文化发生碰撞和融合，造成了唐朝文学的包容性和多元性特征。这种包容性深深地影响了隋唐海洋文学，在一定程度上体现了海洋文学的特征。以富强、文明闻名于世，其高度发达、兼容并蓄的文化令海外各国倾心不已。近邻日本曾多次派遣遣唐使，选派"最通晓经史、长于文艺的人"❷ 为大使、副使，尽量多地吸收和移植唐代文化。大批遣唐学生和学问僧前往唐朝，形成醉心于学习和模仿唐朝的狂热浪潮。高丽、百济、新罗等也不断派人来唐朝学习，唐朝文化在此基础上不断向周边国家辐射扩散，成为各国文化发展的原型。这促进了以大唐文化为中心的东亚文化圈的形成。唐朝作为东亚文化圈的核心，意识到自身的文化宗主国地位。这种文化自足心态在海洋文学中得到了全面的表现。

（二）隋唐时期海洋文学的特点

隋唐海洋文学作为中国古代海洋文学发展史上承上启下的一环，其有重

---

❶ 欧阳修，宋祁.《新店书·地理志》第四册［M］.北京：中华书局，1975.

❷ 木官泰颜.日中文化交流史［M］.北京：商务印书馆，1980.

大的意义。它促成了中国海洋文学在随后的发展阶段中审美意识的嬗变，引导海洋文学向全新的方向发展，形成了海洋文学新的价值取向。在叙述元素系统方面，隋唐海洋文学虽然继承了前期海洋文学的幻想性质，但在其后的发展中将眼光逐渐从海洋转向人类的实践活动，吸收和容纳了多样的叙事元素，促进了中国海洋叙事元素系统的更新，为后世海洋文学对于这一系统的丰富和完善打下了坚实的基础。在表达主题方面，隋唐海洋文学不仅表达了对于海洋力量的由衷赞叹，更显示了对于人自身可挖掘潜力的关注，对于人性解放和人的主体性有了更深层次的思考，并将其作为文本主题传达给读者。从审美意识方面来说，隋唐海洋文学虽然仍笼罩着淡薄的浪漫主义氛围，然而其关注的眼光却已经从神仙不死药转向社会民生。作品中的现实主义倾向就表现出了中国知识分子的这一思考。在这种现实主义的审美理想背后，可以看到隋唐由其开放的外交带来多元文化的冲击，从而使从知识分子到普通民众都有反思现存社会、文化状况的欲望，实现对自我文化的重新认识，进而达到对自我个人主体性的确认。这些创新之处为中国海洋文学的发展指出了另一条更理性、更现代化的道路，这正是隋唐海洋文学对于中国海洋文学发展所做出的最大贡献。

（三）隋唐时期海洋文学交流

隋唐时期是中国封建社会发展的鼎盛时期，特别是唐朝，实际上是当时世界经济和文化的中心之一，中西文化交流互鉴；海洋文学也获得了高质量的发展，这一时期的海洋文学是中国古代海洋文学发展过程中极为重要的时期；上承秦汉时期，下启宋元、明清时期。这个时期的海洋文学创作热情高涨，佳作迭出。唐后期，安史之乱破坏了唐朝经济社会发展的良好环境，不少曾经繁荣的海港、海洋文化在频繁的战乱中衰落了。

隋唐时期，是中西文化交流的繁荣时期。隋唐物质文化的快速发展促进了精神文化的高度繁荣，因此隋唐王朝成为当时东亚甚至世界经济和文化的中心之一。在隋唐文学总体发展的趋势之下，海洋文学也获得了高质量的发展，从而使得隋唐海洋文学能承前启后，成为中国古代海洋文学发展过程中重要的转变期。隋朝统一全国后，隋炀帝热衷于外交，锐意经略海外，多次派遣外交使臣出访各国，加强隋朝与南海诸国的关系，这成为南海交通史、海洋贸易史上的一个盛举。到了唐代，社会经济、文化空前繁荣，中国成为当时世界上最富强的国家之一。对外交通也极为发达，陆地上有北、中、南三条路线通往中亚和印度；海洋上，中国海船可以远航至波斯湾、阿拉伯海、红海等非洲东海岸国家，南至南洋诸岛、印度等国，东北可达朝鲜、日本等。当时，海外各国对中国充满仰慕之情，几乎所有的亚洲国家都和中国有经济文化上的往来。繁荣的经济，为唐代文化特别是文学的发展奠定了坚实的物质基础，而唐代全方位的开放政策，又使强盛的中国具有了世界性的文化价值和影响力，进一步繁荣了海洋文学，丰富了海洋文学的内涵，展示出唐代海洋文学鲜明而独特的时代特征：隋唐海洋文学上承先秦、汉魏时代海洋文学传达的传统精神，下启宋元、明清时代更新的海洋文学新气象，具有新旧融合的特点。隋唐海洋文学吸取前代文学发展之精华，综合自身的时代特征，得到了长足的发展。这个时期的海洋文学创作热情高涨，佳作迭出。太宗皇帝就曾作《春望海》诗，像曹操一样借苍茫的大海表达自己欲图秦皇、汉武之伟业的思想。唐朝的一些著名文人也先后创作了许多海洋文学的佳作，如张说《入海二首》、卢肇《海潮赋》、李白《大鹏赋》和柳宗元的《鼓吹铙歌·奔鲸沛》等。这是中国古代海洋文学发生转变的重要时机。隋唐海洋文学在先秦汉魏晋的基础上进行了自己的创新，更新了自山海经以来的叙事元素系统，表达了以人为主的新主题，反映了大唐王朝全新的审美意识，是中国人与海洋相互关系的萌芽。在这个时期的海洋文学作品中，海洋在文本中所占的比重已不如前代之重，人类的身影开始进入文本之中，与海洋一争高下。这一转变对后世海洋文学的发展具有重要的影响，也奠定了隋唐海洋文学的历史地位。

第五章 宋朝时期的海洋发展

960 年，后周诸将发动陈桥兵变，拥立宋州归德军节度使赵匡胤为帝，建立宋朝，宋朝（960~1279 年）是中国历史上承五代十国下启元朝的朝代，分为北宋和南宋，1125 年金国大举南侵，导致靖康之耻，北宋灭亡；康王赵构于南京应天府即位，建立了南宋，1276 年元朝攻占临安，1279 年 3 月崖山海战后，南宋灭亡，宋朝共历十八帝，享国 319 年。

宋朝时期，我国的海疆进一步拓展，沿海地区特别是东南沿海地区的经济发展迅速，大大超过了隋唐时期，尤其是海上交通、造船、海外贸易方面的发展，直接带动了沿海地区港口的扩张和繁荣，北宋统一了从天津大沽至广西的辽阔海疆，并进一步强化了对沿海地区的行政管辖，一方面在沿海设置并完善了州、郡建制，一方面在少数民族聚居区设置州、县制度。北宋为防备辽国从海上的袭扰，以及镇压沿海地区的农民起义和海盗，建设和维持了一定数量的水军；南宋也加强了水军力量的建设，凭借淮河、长江之险抵御金兵及蒙古军队，严防敌人来自海上的威胁，水军发展快，对海防的重视和加强也超过了北宋。宋朝时期的沿海经济更加繁荣，海外贸易进一步发展，贸易港不仅数量增加很多，而且扩张迅速；进出口的规模扩大，贸易范围拓展；海上贸易已取代陆路贸易成为对外贸易的主要部分，对外采取了开放、宽松的海外贸易政策，鼓励民间商人出海贸易，实行了海外贸易管理的市舶制度。

第一节 宋朝时期的海外贸易与沿海港口

一、宋朝时期的海外贸易

宋朝时期社会经济和航海技术的巨大发展是这一时期海外贸易发展的物质技术基础，宋朝时期海外贸易较隋唐时期有了长足的发展，宋朝时期对外政策以及贸易政策和制度则有力地促进了海外贸易的发展，海外贸易范围及其数量都有了很大的增涨，其对社会发展的影响作用是巨大的。海外贸易在各方面的发展成就标志着宋朝时期的海外贸易进入了一个空前兴盛的新阶段。海外贸易出口品的供给和进口品的消费都必须以国内经济一定的发展水平为基础。宋朝鼓励垦荒，耕地面积扩大，生产效率提高，特别是江南地区的农业有了快速增长，出现"苏湖熟，天下足"的局面，整个农业生产有了显著进步。宋朝民营手工业得到前所未有的发展，制茶业、制瓷业和纺织业发展显著，是经济社会发展中具有重要影响的行业；如两浙、福建、广南等沿海地区制瓷业窑址大量增加，工艺技术创新，民营纺织业有很大增长，出现了不少私营的独立的从事纺织的专业户，至南宋，南方的苏杭、成都等地已成为纺织业最发达的地区。宋朝时期的商品经济繁荣，随着交换规模的扩大和远距离贸易的增长，历史上第一种纸币——交子、会子应运而生，商业信用不断发展。传统的重农抑商观念逐步被农商并重的新思想所取代，商业在社会经济中的作用日益提高，从政府财政角度说已是舍工商则无以立国的局面。这些新的现象无不展示了宋朝经济发展的新气象。❶

宋朝的市舶司制度发展更为完整，有管理机构和系统的制度条文的贸易管理体系。宋政府先后在广南、两浙、福建、京东等路设立市舶司、市舶务及市舶场等机构。市舶机构中设有市舶使、市舶判官及管库杂事等官吏。市舶司的职责是"掌蕃货海舶征榷之事，以来远人，通远物"，宋朝市舶司是一个专门管理海外贸易的独立机构。

宋朝开始，因为北方连年战乱，我国经济重心逐步向南方转移，宋、金、元朝之间的多年征战，加速了中国早已开始的经济重心南移的历史进程。在这一进程中，江南沿海地区，农业、手工业发展迅速，涌现出一大批因商品贸易繁荣或具有特色农业、手工业产品而驰名的中小城镇。南方的泉州庆元(今浙江宁波市)、太仓等口岸却迅速崛起，成为国际闻名的东方港口，与东南亚、南亚、西亚、非洲乃至欧洲各国保持着广泛的贸易往来。宋朝对海外诸国始终奉行和平友好政策，以维护海路畅通，增进与各国的政治、经济交往为宗旨。北宋王朝奉行"因俗而治"的原则，在沿海地区采取了两套不同的行政管理模式对以汉民族为主、农业和渔盐业较发达的沿海地区，北宋沿用了与

---

❶ 黄纯艳. 宋朝海外贸易［M］. 北京：社会科学文献出版社，2003.

中原内地相同的行政体制。南宋因与金"划淮而治",与北宋相比,南宋土地、海域面积和国力都大为削弱,同时,战略防御空间大幅度被压缩,不得不南移至淮汉、长江一线,在东南沿海地区加紧战备,客观上也促进了沿海经济更加繁荣,海外贸易进一步发展,海防建设也出现了崭新的局面。❶

不少学者认为经济重心南移发生在南宋。郑学檬先生提出,经济重心南移的起始点为"安史之乱"以后,至北宋后期已接近完成,至南宋则全面实现了。宋人就已明确指出:"国家根本,仰给东南",后人也说:"有宋之兴,东南民物康宁丰泰,遂为九围重地,至宋朝则移在闽浙之间",宋朝经济重心的南移主要是移向东南地区。经济重心的南移对海外贸易的发展产生了多方面的影响:不仅使出口商品的供给地转移到离港口更近的东南沿海地区;与经济重心南移相伴随的政治中心和消费中心的东移和南移使进口品的主要消费市场也更接近贸易港口,从宋朝进口品的销售特点看,进口品的主要销售市场就是东南地区、四川地区和京城;南方经济的发展也为进出口贸易创造了潜力巨大的经济腹地和市场空间。所以,经济重心的南移不仅为宋朝海外贸易的发展繁荣奠定了基础,而且直接导致了中国古代贸易重心的南移。此后,陆上丝路的往日辉煌逐渐褪色,陆上丝绸之路被海上丝绸之路取代。❷

二、宋朝时期的沿海港口

海外贸易和沿海地区港口进一步发展和迅速扩张。宋朝建立之后,北方仍然战乱频发,外患甚为严重,故两宋三百多年中,对西亚的陆路交通几乎陷于停顿,中西交通和对外贸易只好完全依靠海舶,因而广州港也就成了海外交通的主要门户和海洋贸易的中心。宋朝时期,福建的对外贸易进入一个新的阶段,泉州港超过了广州,一跃成为世界上最大的贸易港之一。泉州港内商船云集,外商众多,对外贸易的国家与地区、进出口商品的数量等远远超过前代,达到了新的海外交通贸易高峰,举世闻名的明州港是宋朝时期重要的海外贸易港口。尤其是在南宋时期,由于全国经济中心的南移和紧靠首都临安,明州港的重要性超过了其他港口。宋朝鼓励外商来华贸易,保护他们在华的商业利益和财产权利,给予外商学习、入仕等机会,因而来华的外

---

❶ 张炜,方堃.中国海疆通史[M].郑州:中州古籍出版社,2002.

❷ 郑学檬.中国古代经济重心南移和唐宋江南经济研究[M].长沙:岳麓书社,1996.

商人数众多、贸易规模巨大。据《诸蕃志》等记载,与宋朝有贸易关系的海外国家有 56 个之多。

宋朝出现了举世闻名的泉州港,对外贸易的国家与地区、进出口商品的数量均远远超过了前代,市舶司也从草创时期发展到完善阶段。两宋时期,泉州港的对外贸易更加繁荣。……泉州港内,商船云集,外商众多,海外交通贸易达到了新的高峰。❶ 宋哲宗元祐二年(1087 年)宋朝政府在泉州正式设立市舶司后,使泉州的地位进一步的提高,成为对外贸易的正式港口,与广南东路市舶司和两浙路市舶司并称为三路市舶司。南宋时期泉州港的海外贸易发展更快,每年都有许多海外商人到泉州贸易。有大食、三佛齐等 30 多个国家与地区的商船到达泉州,同时,泉州的海商也经常航行到海外各国。由于中外商船往来的增多,泉州港的吞吐量不断上升,进口货物数量同样惊人。

明州港的发展,主要表现在造船技术的发展、船舶数量的增加、航海业的发达、内外贸易的规模日益扩大等方面;登州港是北方的重要港口;北宋历朝继承了唐以来注重港航贸易的传统,继续鼓励发展海上交通。国家的统一,经济的发展,以及对港航贸易的重视,均使登州港在宋朝北方港口中占有最为重要的地位。宋朝时期,中国与外部世界的交往主要依赖海上丝绸之路,中国发明的罗盘、火药、印刷术经过阿拉伯传入欧洲。

宋朝贸易港的发展很快,宋朝贸易港的区域分布、数量、繁荣程度和管理制度都超过前代,宋朝北自京东路南至海南岛,港口已有明显增长,大致可以分为广南、福建、两浙三个相对而言自成体系的区域,各区域中港口大小并存、主次分明、相互补充,形成多层次结构,杭州港是两浙路最早的贸易中心,地处海路交通与运河航运的枢纽,贸易条件十分便利,是仅次于广州的贸易港;杭州置司的具体年份,日本学者藤田丰八认为,宋太宗雍熙二年颁布了禁令,到端拱二年解除禁令后始设两浙市舶司。因此,他提出:"两浙创设市舶司的年代或者庶几近于事实罢",❷ 广州港于开宝四年设立市舶司,是全国最早设立市舶司的港口,在北宋及南宋的很长一段时期内,广州港一直是海外贸易量最大的港口,说明了广州市舶司的重要。广、闽、浙三路港口层次分明,地理分布合理,尤以两浙为典型。两浙路经济最发达,贸

---

❶ 林仁川.福建对外贸易与海关史 [M].厦门:鹭江出版社,1991.

❷ (日)藤田丰八.宋朝市舶司与市舶条例 [M].魏重庆,译.北京:商务印书馆,1936.

易港的数量最多，分布最密集，机构设置也最完备，先后在杭州、明州、秀州、温州、江阴五处设立市舶机构；沿海港口海外贸易的管理是宋朝政府的重要内容，宋朝时期，政府还根据形势发展需要关闭或扶持某些港口，或用行政手段调整贸易港的地位。❶

第二节　宋朝时期对海南、台湾及南海诸岛的开发与治理 ❷

一、对海南、台湾及南海诸岛的开发与治理

宋朝统治者对海疆的重视，表现在发展海疆经济和海上贸易的积极政策上面，也表现在进一步加强对沿海著名岛屿，如海南岛、台湾以及南海诸岛的管辖、开发与治理方面。

对海南岛的镇辖与治理。海南岛位于广南西路的最南端，岛上除了汉族居民外，还有广大黎族百姓。宋朝对海南非常重视，对岛内黎民的反抗斗争，一方面进行军事镇压，另一方面也实行政治招抚，特别是在经济上对黎民予以优待。

对台湾、澎湖地区的开发和管辖。福建沿海百姓很早就从大陆迁居到台湾澎湖地区，在那里从事捕鱼和农耕。至宋朝，民间自发性的迁居台、澎之事益多。附近海上民族时常往来台、澎及福建沿海一带剽掠。赵汝适《诸蕃志》就明确记载："泉有海岛曰澎湖，隶晋江县。"说明澎湖岛在行政上隶属福建泉州晋江县。

对南海诸岛的渔业活动。南海诸岛的名字很早就出现在中国古代史籍当中。最迟在1世纪的东汉时期，随着中国古代航海技术的不断发展及中国人航海活动范围的扩大，南海水域及南海诸岛已为国人所知晓。随着人们对南海海域认识的不断扩大和深化，有关它的记载更加丰富起来。

二、宋朝时期对南海诸岛的有效管理

到了宋朝，人们对南海诸岛的情况更加熟悉。这主要表现在：第一，宋

---

❶ 黄纯艳. 宋朝海外贸易 [M]. 北京：社会科学文献出版社，2003.

❷ 张炜，方堃. 中国海疆通史 [M]. 郑州：中州古籍出版社，2002.

朝史籍中对南海岛屿的称呼已相对统一。宋以前，人们多以"涨海"称南海诸岛。宋朝谈到南海诸岛的 7 种典籍中，大都以千里石塘(床)万里长沙(砂)来泛称南海诸岛，并进一步命名今天的西沙群岛为九乳螺洲，称南沙群岛为石塘。第二，中国沿海渔民在那里的活动已相当频繁，人们对南海海域的著名水产品和海域情况也更加熟悉。南海海域很早就是中国渔民进行捕捞作业的重要水域。根据从那里捕捞的海产品和渔民对水生物观察的结果，宋朝书籍做了分门别类的说明。比如，对于盛产于南海的贝类，南宋《岭外代答》一书记载说："南海有大贝，圆背而紫斑。平面深缝，缝之两旁，有横细缕，陷生缝中，本草谓之紫贝。亦有小者，大如指面，其背微青。大理国以为甲胄之饰，且古以贝子为通货，又以为宝器，陈之庙朝，今南方视之与蚌蛤等。"❶北宋人沈括在《梦溪笔谈》中记载："海物有车渠，蛤属也。大者如箕，背有渠垄，如蚶壳，故以为器，致如白玉，生南海。"❷第三，对西沙群岛进行了有效管辖，并派海军前去巡逻。据北宋曾公亮所著《武经总要》一书记载，宋朝曾"命王师出戍，置巡海水师营垒""治刍鱼人海战舰""屯门山用东风西南行，七日至九乳螺洲"，❸从当时的航行里程计算，九乳螺洲应该就是西沙群岛，乳螺是时人对西沙群岛的形象称呼。

第三节　宋朝与沿海周边国家的关系 ❹

宋王朝在与沿海周边国家、民族交往中，基本上奉行"厚其委积而不计其贡输，假之荣名而不责以烦缛；来则不拒，去则不追；边圉相接，时有侵轶，命将致讨，服则舍之，不黩以武"❺的方针。这一方针对维系宋王朝与周边沿海各国、各民族的和平友好关系起到了重要作用。

一是友好相待沿海周边各国，尽量满足其提出的各种要求。宋朝虽然是当时亚洲文明程度最高的大国，却并不盛气凌人，而是按照华夏"礼仪之邦"的悠久传统，给予沿海周边国家使节以隆重的礼遇。一般情况下，各国使节

❶ 周去非.《岭外代答》卷七《宝货门·大贝》.

❷ （宋）沈括.《梦溪笔谈》卷二二《谬误》.

❸ 曾公亮.《武经总要》前集卷二〇.

❹ 张炜，方堃. 中国海疆通史［M］.郑州：中州古籍出版社，2002.

❺ 《宋史》卷四八五《外国一·夏国上》.

来时盛礼迎接到京师，走时有馈赠，并且"回赐"物品，其数量和价值要大大超过其进献的贡品；各国使节滞留期间，会被邀请参观朝廷大典、节庆活动及游览寺庙等；如元丰年间，宋朝一次"回赐"三佛齐的礼品就有"赐钱六万四千缗，银一万五百两"，❶这是相当丰厚的；为维持对各国使节的优待政策和送往迎来的礼节需要，朝廷和地方官府每年都要支出巨额资金，沿海周边各国使节来华时，往往顺便提出该国统治者的一些要求，宋朝在大多数情况下，都能够认真并尽力满足其要求。

二是尽力维护与各国之间海上航线的畅通和海外贸易的繁荣。宋朝，东南亚诸国征战纷起，沿海周边各国发生内乱、国势衰微的情况，宋王朝并没有利用这些机会从中渔利，入侵他国，但对各国剽掠中国沿海岛屿、入侵中国海疆的行为也予以反击。其他国家之间的战火，宋朝严守中立，并不介入他们的冲突，也不偏袒其中任何一方。宋王朝尽力维护与沿海周边各国的和平关系，维护海上交通线的畅通，目的是要维护海外贸易的繁荣。宋朝时期东南亚各国通使朝贡频繁，如占城通使达 40 余次，三佛齐达 30 余次，交趾、阇婆、渤泥等国也多次派使节前来。在这一政治往来亲密的背景下，各国赴宋朝进行贸易的船舶、客商络绎不绝，中国商人到东南亚各国后也受到热情接待。

第四节 宋朝时期的造船业及造船技术 ❷

一、宋朝时期的造船与海运

宋朝时期海上交通有了长足的发展，指南针的应用，推动了古代中国乃至世界各地的航海业。中国宋朝时期的船型、船体构造、船舶属具和造船工艺等造船技术更臻于成熟，造船能力也获得了极大发展。宋朝的丝瓷贸易主要依靠海上航线。在唐以前，中国同外国的贸易往来以丝绸为大宗，到了宋朝，陶瓷大有后来居上之势。当时船舶深阔各数十丈，商人分占贮货，人得数尺许，下以贮货，夜卧其上。货多陶器，大小相套，无少隙地。中国的精

---

❶《宋史》卷四八九《外国五·三佛齐》.

❷ 席龙飞.中国造船史［M］.武汉：湖北教育出版社，2000.

美陶瓷，由广州或泉州出发，经由南海而行销东南亚、南亚、西亚、北非乃至东非沿岸各港埠。为了方便对商贸事务和往来船舶的管理，宋政府在主要的通商海港设立有市舶司、市舶务或市舶场等机构。北宋时期建都于开封，南北的漕运还占相当重要的地位。在船舶种类中漕运船也称纲船为大宗，其他也有座船（客舟）、战船、马船（运兵船）等类；到了南宋时，运河的漕船锐减，漕运船（纲船）产量随之下降，因江、海防的任务较突出，战船的产量逐渐有所提高，宋朝的造船工场遍布内陆各州和沿海各主要港埠地区；北宋真宗（公元998～1022年）末年，纲船产量为每年2916艘，其中江西路虔州（后改名为赣州）、吉州占1130艘，至北宋后期，两浙路的温州、明州的造船份额增大，额定年产量各为600艘，而江西路的虔州（今赣州）、吉州（今江西吉安），与湖南路的潭州（今湖南长沙）、衡州（今湖南衡阳）4州共723艘；南宋时海运业发展快，宋朝政府曾在福建路、广东路建造船工厂，福建、广南海道深，与两浙路沿海港口拥有天然地理条件，可以停靠重量较大、吃水较深的船舶。

二、宋朝造船技术的进展与成熟

（一）北宋《清明上河图》所表现的汴河船

北宋徽宗时期的宫廷画师张择端所绘《清明上河图》约成画于政和、宣和年间，即1111~1125年，长达5.25米，是一幅描绘北宋都城汴京社会经济生活的宏伟巨著，画家以生动细腻的技巧，真实再现了从宁静的春郊到汴河上下的众多景物，有虹桥、城楼和街市；河上大船浮动，街上车水马龙。它的伟大价值不仅表现在画面人物众多，景象的宏伟丰富以及表现技巧的生动完美，更值得注意的是它所反映的社会内容，在美术史上具有鲜明的先进性和突出的重要意义，即使从世界美术史看，在12世纪初期，就能够以这样的规模反映社会经济活动和都市面貌的绘画作品也极其少见。❶

《清明上河图》长卷中画有各种视角的船舶24艘，其中客船11艘，货船13艘。客船在构造、形态上与货船的重大区别反映了北宋时汴河上下经济生活的繁荣和当时造船业的进展。特别重要的是，由于在历史上人们偏重于

---

❶（宋）张择端绘，张安治著.《清明上河图》［M］.北京：人民美术出版社，1979.

科举登仕，鄙薄工程技术的传统，张择端却开历史之先河，为后世留下了能反映当时技术成就的诸多船舶图样，在船舶图样方面是前无古人的。《清明上河图》所表现的汴河船，具有时代的先进性。汴河船正是宋朝最具代表性的内河船型。从图上所绘的船舶中，可以窥见当时船舶发展的许多技术成就。

在船型上有明确的货船与客船的区别，这充分反映了当时汴河的货运和客运是各具规模的典型的货船，体态丰盈，尾甲板不向后伸延。由纤绳牵着的则是客船，除了遍设客舱之外，在两舷设舷伸甲板作走廊之用。与货船的最大区别，还在于客船尾部向后延伸，相当于现代内河船常用的假尾，古时称为虚梢，从而增加了甲板和舱室的面积。从货船与客船的对比中可以看出设计思想的进步和设计者独到的匠心。❶

客船的总体布置精当而合用。客舱的两舷都有相当大的窗子，通风与采光是相当充足的，遇风雨侵袭时可用木板将窗口关闭，这时顶棚的两扇气窗既可供采光又可供通风。关于汴河船的尺度，中国桥梁史学家罗英按人的身高、肩宽估算虹桥长宽尺度的办法进行估算，大致认为自舷伸甲板到顶棚的高度约1.5米，稍大些的货船长约24米或更长，宽5米，长宽比约4.8：1。❷

北宋时船舶所用的平衡舵是相当先进的，这种平衡舵轻便，既可减轻舵工的劳动强度，更可改善船的操纵灵活性；此外，舵都用链条或绳索拉住并卷在船尾的横向圆辊上。可因航道的深浅而降下或升起。将舵降下可提高舵效；将舵提起可得到保护，舵叶在结构上是用竖向板拼接，纵向用木桁材加固，这与近代舵叶结构无甚区别，反映了宋朝舵技术的成熟和所达到的先进水平；张择端的《清明上河图》，既是美术作品中的瑰宝，也是考察和研究宋朝时期内河船的重要文物。❸

（二）传统造船技术的发展与成熟

在宋朝300多年的时间里造船技术有许多新的发展与成就，有些是对世界造船技术的重大发明与贡献。

1. 新船型的发展与船型的多样化

车船不仅大型化而且系列化，最大的能载千余人，长36丈，后来都在

---

❶ 席龙飞.北宋的汴河运输和船舶［J］.内河运输，1981(3)：75.

❷ 罗英.中国桥梁史料(初稿)；中国科学社.中国科学史料丛书，1961.

❸ 席龙飞.桨舵考［J］.武汉水运工程学院学报，1981：27。

长江上抗击金兵发挥了重大作用。在内河船方面，载量大而装卸方便并适于汴水的船，到宋朝则名之为汴河船。

2. 船舶航海性能的改善与提高

船舶作为水上航行的建筑物，可靠的水密性极为重要；自唐以来就应用桐油、石灰、麻丝的混合物作为捻料以保证良好的水密性和浮性，利用在船底加固载物以降低重心而确保行船的安全。值得一提的是，宋朝时期已经应用了"梗水木"这一减摇设备，在北宋年间的宁波海船上，装有减摇龙骨，与国外使用舭龙骨的年代相比，中国要提早了约 700 年。

3. 船舶在结构上的特点和优点

内河船舶因吃水浅多设计成平底。泉州宋船的横舱壁，在底部和两舷均有肋骨予以环围，顺理成章可以相信在甲板下应有横梁与周边的肋骨构成封闭的框架。这既有利于水密，又能有效地使舱壁不至于移位。"值得注意的是，船中以前的肋骨都装在舱壁之后，船中以后的肋骨又都装在舱壁之前。如果再看看近代铆接钢船的水密舱壁及其周边角钢，对比之后可以发现，从功用到部位，古船与近代铆接钢船两者都非常一致。可以肯定地说：近代铆接钢船的周边角钢，完全是由古船的结构形式演变而来的。古船的这种极其成熟的设计，使今人也为之称赞不已。"❶

4. 造船工艺上的成就

除船体结构设计合理之外，选材也考究而适当。例如，在底部经常有积水而易腐蚀的部位常选用樟木或杉木，对强度要求高的构件也时而采用樟木等，对于一般的构件则常用并不昂贵的松木。

5. 船舶设备、属具的创造与进步

风帆，作为推进工具，在宋朝又有所改进。硬帆与软布帆同时使用，硬帆之上又加野孤帆，是风正时用之，以增加船速；舵，是控制航向并保证船舶操纵灵活性的重要属具，舵与风帆相配合，使船舶的航线大为扩展。宋朝的平衡舵，使转舵省力快捷，可保证操纵船舶航向的灵活性，此外，其时的舵可以升降。深水时将舵降下，既可提高舵效，也可提高抗横向漂移的能力。浅水时将舵提起使舵得到保护。水浮指南针盘，是中国对世界航海事业的一大贡献，水浮指南针盘的实际应用，使得中国海员有可能作远洋航行和开辟

---

❶ 章巽.中国航海科技史［M］.北京：海洋出版社，1991.

新的对外贸易领域；在宋朝时期，包括船型、船体构造、船舶属具和造船工艺等造船技术，更臻于成熟。伴随着海运业的发展，造船能力也获得大发展。

（三）宋朝造船业及造船技术的进步

北宋时，明州是全国造船业的重要基地之一。真宗时 (998~1021 年)，全国官办造船厂每年造漕运船数额为 2916 艘，其时，明州设有官营造船场；天禧末 (1021 年)，明州造船场年造船 177 艘；到了哲宗年间 (1087~1100 年)，温州与明州的造船数急剧增加；哲宗元祐五年 (1090 年) 正月初四，"诏温州、明州岁造船以六百只为额"；徽宗时 (1101 ~ 1125 年) 仍 "保持原额"；正因为温州与明州造船业的发达，所以徽宗时打算恢复京师物货场，用温州、明州所造的船舶来运输货物，后因政局不稳而作罢明州的官办造船场，设置造船监船场官厅事和船场指挥营，任务是建造官用船只；明州是中国造船与航海事业的发祥地之一，到了宋朝，明州的造船技术达到了很高的水平。❶

南宋时，明州港的造船技术已达到相当高的水平。1979 年，在宁波市区东门交邮大楼工地发现了一艘宋朝海船。该船载重约 30 吨，是一条既能在内河航行又能出海远航的三桅木帆船，船体基本上是完整的；经有关部门和专家的研究论证及复原后，证明该船无论在船型、结构方面还是造船工艺方面的技术成就，都已达到当时世界造船技术的顶峰；从船型上看，宋船的设计是 "采用小的长宽比并配合以瘦削的型线"，小的长宽比可以提高航行时的稳定性和抗侧浪的能力，瘦削的型线则利于破浪前进。由此可见，宋船具有较强的适航性。在结构上，发掘的宋船有 9 个舱室，全部采用了先进的 "水密仓壁"，由此可见其船体的抗压强度和抗沉性能都是相当高的。值得注意的是，宋船船体吃水线以下的两侧似乎还设有减轻船体摇摆的 "舭龙骨"，而国际上开始使用舭龙骨是在 19 世纪的头 15 年，宋船的这一创造要比国外早六、七百年，这说明当时明州的造船工匠已经注意到减缓船舶摇摆的重要性，并采取了最恰当的措施；尽管明州有官办造船场和市舶造船场，但所造船只远不能满足实际需要，因此，民间造船的比重越来越大，必要时得向民间征用。❷

---

❶ 郑绍昌 . 宁波港史［M］. 北京：人民交通出版社，1986.

❷ 席龙飞，何国卫 . 对宁波古船的研究［J］. 武汉水运学院学报，1981：26.

第五节　宋朝时期的海外文化交流 ❶

宋朝时期的经济、文化在盛唐的基础上又有了长足的进步，在当时世界上继续处于领先地位，因而吸引了东西方各国人民的目光。宋朝时期海上交通的巨大发展，极大地促进了中西文化的交流。中国与东亚、东南亚、阿拉伯半岛、欧洲都有广泛的海路文化交流。中国的精神文化和器物文化对这些国家和地区产生了重大影响，对世界文化的发展起到了巨大的推动作用。同时，海外文化也传入中国，丰富了中国文化的内容。

一、宋朝中朝文化交流 ❷

（一）人员往来

宋朝每与高丽朝有外交文书来往，"必选词臣著撰，而择其善者。所遣使者，其书状官必召赴中书，试以文，乃遣之"；高丽国王一般都定期到国学去祭孔，以倡导对孔子的尊崇。上自国王，下至街巷儿童，所受正式教育，以儒家经典为主；在高丽做官的一些中国文士，曾对朝鲜的文化教育事业作出过重要贡献，在宋朝官员的建议下，高丽王朝始设科举，定期举行科举考试，对振兴文风起了推动促进作用。高丽到宋朝的文士，不少是青年学子，入国子监学习。

（二）书籍、书画及音乐交流

书籍的交流是友好关系的主要内容之一，宋帝经常赠送书籍给高丽国王，高丽王朝对送来的书籍的刊印非常重视，许多书籍都是奉王命刊印的。古代中国的音乐，如唐乐、雅乐等传入高丽，即作为正乐，用于宗庙和朝廷典礼。

（三）陶瓷器及医药交流

12世纪20年代高丽已能制作各种青瓷精品，高丽时期的青瓷，系受中国宋、元时期修武窑、磁州窑等的影响，高丽白瓷源于中国景德镇窑。景德镇当时

---

❶ 曲金良．中国海洋文化史长编（宋元卷）［M］．青岛：中国海洋大学出版社，2013.

❷ 陈玉龙，等．汉文化论纲［M］．北京：北京大学出版社，1993.

制作的白瓷，泛有青色，即所谓的"影青"。高丽白瓷的胎土，也是使用白色高岭土，器壁很薄，器形、花纹等达到了与中国宋、元白瓷难于区别的程度。但至高丽后期，器壁逐渐变厚，釉色则变为宋朝定窑特具的那种白色。这一特征后来为李朝所继承。高丽朝时期陶瓷的器形，其主流不是承袭新罗朝的传统，而是在中国唐、宋、元的影响下制作出来的。唐代的器形如棱花形碗、广口细颈油瓶等。宋元器形如梅瓶、香炉等。其中，广口细颈油瓶乃至延续到李朝后期高丽铜镜，大部分是模仿中国宋、金、元及日本镜而制作的。

二、宋朝与日本的文化交流

（一）浙江与日本的佛教文化交流

浙江地处东海之滨，与日本一衣带水，文化交流，历史久远，宋朝时期，浙江与日本文化交流最频繁，在中日文化交流史上占有重要地位，佛教文化的交流尤甚，以天台山为宋佛教交流中心。天台山，又名桐柏山，是仙霞岭向东北延伸的分文。北宋时，来天台山巡礼的日本名僧主要有裔然、寂照、绍良、成寻等多人。

（二）南宋杭州与日本佛教的交流

南宋定都临安府（今浙江杭州市）之后，社会经济与文化迅速发展，成为当时全国最为繁荣的地区；佛教在杭州得到进一步的传播，成为江南佛教中心之一；由于杭州佛教寺院的增多，名僧汇集，自然成为南宋时期浙江与日本佛教文化交流的中心，杭州佛寺中的径山寺、灵隐寺、净慈寺、天竺三寺（上、中、下）等成为日本名僧取经学佛的重要圣地，杭州佛寺与日本佛教的最早交往，从目前见到的史料，可推算北宋至道元年（995 年）；舟山普陀的"不肯去观音院"的建立，也是中日佛教文化交流史上重要之事。公元841 年起，日本名僧惠萼，曾三次入唐学佛取经，唐代大中十二年（858 年），他入唐取经回国时，从五台山带去一尊观音菩萨像，从明州航海回国。不料船到普陀山东边新罗礁时，海面突然出现了数百朵铁莲花，千姿百态，蔚为奇观。这些铁莲花连成一片，在海面上彼伏此起，阻挡住航船的通行。惠萼静坐念佛，顿悟到五台山观音不肯离开中国故土，于是祈祷说："假使我国（日本）众生无缘见佛，当以所向建立精合（佛寺）。"相传祷毕，铁莲花立即退隐消失，海洋之面平静如初。惠萼以为观音菩萨显灵了，便在新罗礁附近的潮音洞建立一座供奉观音的佛寺，后人定名为"不肯去观音院"，成为舟山普陀最早的观音院。从此，普陀山与观音菩萨结下了因缘，崇拜观音菩萨的信徒越来越多，以观音为主的佛寺日益增多，成为四大名山之一。❶

三、宋朝中西文化交流 ❷

（一）中阿文化交流

北宋时期，由于西夏控制河西走廊，陆路交通遂成为十分困难的事业，在这种情势下，海路交通便日益成为中西往来的主要途径，海上交通逐渐取代陆上交通。宋朝时期十分重视和鼓励海外贸易。971 年，宋太祖就在广州设立市舶司，后又在泉州、杭州、明州、温州、秀州(今浙江嘉兴)、密州(今山东诸城)等沿海各地陆续设置市舶司。宋太宗时，还派人携带诏书和丝织品出海招徕外国商人来中国进行贸易；后来，许多"蕃商"(外国商人)定居中国，被称作"蕃客"，这些外商中，以阿拉伯人为最多；宋政府在广州还划定地段，设立"蕃坊"，专供外商、外侨居住，并设有"蕃长"职务，由外商或外侨担任；大批阿拉伯富商学人和宗教人士来华，对于伊斯兰文明在中国的传播起了很大的推动作用。例如，他们在广州、泉州、扬州修建的清真寺就成为传播伊斯兰文明的重要中心；官营贸易之外，民间海外贸易也逐步发展起来。到了南宋时期，根据史书记载，与南宋通商的国家和地区有50 多个，中国商人去海外贸易的国家有 20 多个；海上丝绸之道沟通了亚、非、欧三大洲，在不断扩大的对外交往中，中国对西亚诸国，特别是阿拉伯更加了解，如宋朝周去非著的《岭外代答》和赵汝适著《诸蕃志》，在前人的基础上，广泛吸收来自海外商家海员及有关著述的信息，使中国对涉及的国家和地区的了解更加详细。

（二）中国陶瓷文化向西流播

宋朝时期经济、文化在当时的世界上继续处于领先地位，因而吸引了西

---

❶ 林正秋.唐宋时期浙江与日本的佛教文化交流［J］.海交史研究，1997（1）.

❷ 何芳川，万明.古代中西文化交流史话［M］.北京：商务印书馆，1998.

方各国人民的目光；伊斯兰国家对中华文化甚为仰慕，评价是极高的，10～11世纪的伊斯兰学者萨阿利比说：阿拉伯人习惯于把一切精美的或制作奇巧的器皿，不管真正的原产地为何地，都称为中国的。直到今天，驰名的一些形制的盘碟仍然被叫做"中国"。在制作珍品异物方面，今天和过去一样，中国以心灵手巧、技艺精湛著称。……他们在塑像方面有罕见的技巧，在雕琢形象和绘画方面有卓越的才能，以至于他们之中有一位艺术家在画人物时笔下如此生动，欠缺的只是人物的灵魂。这位画家并不因此而满足，他还要把人物画得呈现笑貌，而且他还不到此为止，他要把嘲弄的笑容和困惑的笑容区分开来，把莞而一笑和惊异神态区分开来，把欢笑和冷笑区分开来。就这样，他做到了"画中有画，画上添画"。❶汉唐以来丝织品的输出和丝绸文化的外流曾在很长的历史时期居主要地位，不过之后，这种情况被陶瓷品的输出以及陶瓷文化的传播所逐渐取代；宋朝陶瓷的产量之大、品种之多、花色之繁、质量之优独步世界而远销西方。

（三）指南针与印刷术的西传

中国古代科技的几项伟大发明的西传，特别值得重视。首先，是指南针的西传，至公元前3世纪，中国已发现了磁石的吸铁功能。《萍洲可谈》中记载了11世纪与12世纪之交时中国广州海船的景象："舟师识地理，夜则观星，昼则观日，阴晦观指南针。"这是指南针应用在航海上的首次纪录。1123年，徐兢奉使高丽，也见到使用指南针，"惟视星斗前迈，若晦冥，则用指南浮针，以揆南北"。《诸蕃志》记载了出入泉州的海舶，已有这样的评述："舟舶来往，惟以指南针为则，昼夜守视惟谨，毫厘之差，生死系矣。"9～10世纪以后，中国商船经常出没于波斯湾和阿拉伯海上。最早在航海中使用指南针的中国海员，在与波斯、阿拉伯同行的交往中，将这一先进技术传播出去。有的中国船舶上甚至雇佣了阿拉伯等地的船长和水手，他们学习指南针技术就更直接、更便利，因而阿拉伯海员很快就掌握了航海罗盘导航的技术。在12世纪传入地中海，被意大利商船所采用。不久，英、法等水手也利用罗盘导航。英法等西欧民族，习于航海，对罗盘导航的兴趣极为浓厚。就现在所知，除中国以外，有关罗盘的记载，最早并非见于波斯

❶ 萨阿利比.《珍文谐趣之书》.爱丁堡1968年版英译本.

和阿拉伯文献，而是英、法文献。1195 年，英国的亚历山大·内卡姆在《论物质的本性》这部著作中，在欧洲首次论述了浮针导航技术。他提到的航海指南针最初也是用在阴沉的白天或黑暗的夜间分辨航向；办法是用磁化的铁针或钢针，穿进麦管，浮在水面，用来指明北方。同指南针一样重要的，是印刷术的西传；从 9 世纪开始，我国民间印书的风气渐开，著名诗人白居易等人的诗集，都在扬州、越州刊印，868 年王价刻印的《金刚经》中国的雕版印刷品，引起了来华的波斯、阿拉伯等地人士的注意，使这种先进的技术迅速西传；在印刷术的西传中，阿拉伯人只是起了某种重要的中介作用，15世纪中叶以后，欧洲出现了最早的雕版书籍，威尼斯在 15 世纪下半叶成了欧洲的印刷中心，除印刷纸牌、圣像等小件印刷品外，出版了许多的书籍，第一部用雕版印刷的阿拉伯文书籍便是在威尼斯印制的。

（四）宋朝泉州的中西文化交流 [1]

频繁的贸易和人员往来，促进了泉州与亚非各国的经济文化交流。指南针、火药、印刷术三大发明是我国劳动人民勤劳智慧的结晶，其中指南针和火药，就是通过海外交通贸易经阿拉伯商人西传到欧洲的。[2] 12 世纪初我国在航海中已普遍应用指南针；宋时，阿拉伯和波斯商人来泉州、广州等地贸易，要换乘抗风力强的中国海船，通过换船，彼此交流了船舶驾驶技术和经验，因而各自都熟知对方海船的设备、性能及其优劣，我国的航海指南针，就这样传到了阿拉伯。据赖诺德（Rei-naud）考定，阿拉伯的史书上记载，阿拉伯人使用罗盘针是在 13 世纪初，比我国晚了 1 个世纪，[3] 我国大量的瓷器经由泉州运销亚非各地，在埃及，曾出土宋朝泉州出口的青瓷器，近几十年来，在波斯湾沿岸的不少地方，都曾发现经由浙闽沿海外销的宋朝龙泉青瓷的碎片。[4] 近年来，在斯里兰卡岛西北部的曼台发掘出一些我国古代陶瓷器碎片，有深绿褐色和绿玉等色釉，并有突出的斑点和条纹的花饰，经鉴定这些瓷器是 12~16 世纪由中国输出的。[5]

---

❶《泉州港与古代海外交通》编写组．泉州港与古代海外交通［M］．北京：文物出版社，1982．

❷ 冯家升．火药的发明和西传［M］．上海：上海人民出版社，1957．

❸ 程溯洛．中国古代指南针的发明及其与航海的关系，中国科学技术发明与科学技术人物论集［M］．北京：三联书店，1955．

❹ 陈万里．中国青瓷史略［M］．上海：上海人民出版社，1956．

❺ 斯里兰卡发现一些中国古代陶瓷［N］．北京日报，1973-7-10．

第六节　宋朝时期的海洋社会与海洋信仰 ❶

宋朝把从事海外贸易的商人称为番商、海商或舶商。宋朝以后，中国海商势力有了很大发展，并且在贸易中发挥了主导作用。海商数量庞大，在贸易和中外关系中发挥了巨大作用，在海洋群体中扮演着最为重要的角色。宋元时期不仅由于远远超过世界其他国家的经济文化发展水平而吸引各国商人纷至沓来，而且宋朝政府鼓励外商来华贸易，保护他们在华的商业利益和财产权利，给予外商学习、入仕等机会，因而来华的外商人数众多，贸易规模巨大，是这一时期海外贸易中不可忽视的力量，宋朝时期海外贸易和海上交通运输的急剧发展，是海神信仰产生并迅速普及的重要原因。妈祖信仰产生于宋朝，并不断被晋升封号，反映了宋朝以来航海事业的发展，也反映了宋朝封建朝廷对发展航海贸易的关切和重视。

一、宋朝时期的海外移民

（一）宋朝华人移居海外增多

宋时中国人往海外的比唐时多，除了每年都有中国商人前去东方的日本贸易外，去印度尼西亚各岛的也为数不少；南宋时，印尼各岛几乎都有华人的踪迹，中国饮食在印尼各地很受当地群众喜爱；中国钱币在印尼各岛也很受欢迎，近代在爪哇、加里曼丹的沙劳越河口都曾发现过不少唐、宋古钱，足以证明当地和中国贸易之盛；马来半岛、新加坡附近还发现过中国坟墓；据记载，南宋时有大批中国船来南印度贸易，并有中国人留居该地；当时锡兰军队中甚至有中国人；宋朝人的脚迹还遍及阿拉伯海沿岸各国以至印度洋西部，据阿拉伯作家伊德里西的记载，称中国船常至巴罗奇（即贾耽书中的拔旭）及印度河口、亚丁及幼发拉底河口等处，由中国贩来铁、刀剑鲛革、丝绸、天鹅绒及各种植物织品；宋人对大食的记载比唐人详尽，不仅记载其首都白达（巴格达），而且还记载阿拉伯半岛以至非洲各地，"官吏文书，商贾往来，皆取道于海"，这说明宋朝政治的稳定、移民的迁徙、经费的筹措都与商业的发展息息相关。❷

---

❶ 曲金良.中国海洋文化史长编（宋元卷）［M］.青岛：中国海洋大学出版社，2013.

❷ 汶江.古代中国与亚非地区的海上交通［M］.成都：四川省社会科学院出版社，1989.

（二）"番国"对"唐人"的优待和欢迎

华商出洋，也深得当地政府和人民的欢迎。在苏吉丹(爪哇中部)"厚遇(中国)商贾，无宿泊饮食之费"；在占城，泉州海商王元懋"留居十年，占城妻以爱女，时富贵无比"；那时，华侨不但是中国与南洋贸易的主力，而且南洋区域间的贸易也主要通过他们之手，因此很受欢迎；南洋国家政府对于华商的优待政策，也使许多华商愿意在彼地留居，真腊国政府还规定："蕃杀害唐人，即以蕃法偿死。如唐人杀蕃至死，即罚重金，如无金，即卖身取金赎。"华人享有较高的法律地位。当时的南洋确有不少吸引华人前往的地方，"唐人"来了，与当地人杂居，生息繁衍、物质充裕，有的终身便不再返回家乡，宋朝真腊国已有定居35年的老华侨，越南东部也有第二代华侨，潮籍商人主要集中的南洋群岛一带国家，那里实际上已经出现了潮汕人聚居的地方，许多人在那里娶妻养子，逐渐融入当地社会。

二、宋朝时期的海盗活动 ❶

海盗活动的产生和发展是当时经济社会矛盾运行的反映，并随着经济社会发展而发展。海盗活动在宋朝时期进一步发展，这时期的海盗活动频繁，活动规模和范围扩大，并出现活动新动向，出现了亦盗亦商的海盗，即在进行抢劫与反抗官府的同时，也从事海上贸易或海外商业活动，或兼营海洋经济，赋予海盗活动以新的内容和特点。

（一）宋朝东南海上的海盗活动

1. 东南沿海的社会状况

宋朝的官僚地主拥有优厚的政治与经济特权，任意抢夺农民的田地，"势官富姓占田无限，兼并冒伪，习以成俗"，英宗时，全国垦田总计约1500多万顷，地主户占有耕地2/3以上；南宋更甚，土地兼并更为炽烈，据统计，南宋大地主占有田地多达4500万亩以上，广大农民失去土地，破产，不少人沦为佃农或奴婢，惨遭奴役，为了逃避徭役，有的人拆居、寄产、寄子，官通民反，老百姓被迫成"盗"，北宋时，浙江爆发的方腊起义，福建建州

---

❶ 郑广南.中国海盗史［M］.上海：华东理工大学出版社，1998.

爆发的范汝为起义，广东百姓反抗官府的武装起义，人数以万计，南宋嘉定年间，基层民不聊生，不少人"遂入绿林，出海为盗"，沿海诸路穷苦贫民纷纷出海当海盗。

2. 浙、闽的海盗活动

宋朝，东南海上"盗贼啸聚""盖常有之"，❶ 仁宗庆历元年至五年（1041～1045年），海盗在泰州、通州与登州海上反抗官兵。福建"长溪、罗源、连江、长乐，福清六县皆边海，盗贼乘船出没"。❷ 皇祐四年（1052年）蔡襄知福州，见海盗"披猖"，向朝廷上疏，请求采取措施，防御海盗攻略。此时，福建"山海之寇并发"，可见，海盗活动十分普遍，擅长海战，锐不可当。"朝廷以郑广未平"，难以对付，便采取招安政策，在宋王朝统治者看来，招安海盗"并非善举"，而是羁縻之计，给郑广、郑庆小顶乌纱帽是手段，不让他们在海上反乱是目的。张致远与福建提刑方庭实招安郑广、郑庆还有另一政治用意，就是借他们之力，去"以盗攻盗""引用郑广辈，得以盗御盗之法"，官府为的是让海盗"自相杀戮"。

（二）南宋初年的抗金斗争与海盗活动

北宋南宋之际，军民奋起抗击金兵南侵，在抗金斗争中，也有海盗在海上进行抗金活动；宋钦宗靖康二年（1127年）四月，金兵将所俘的徽宗、钦宗及后妃、皇子、宗室贵戚，大臣3000多人押送北去，北宋灭亡；五月，宋康王赵构即帝位于归德，改元建炎，是为高宗，史称南宋。高宗害怕金兵，先后逃到扬州、镇江、临安（今浙江杭州）、越州（今浙江绍兴）、明州（今浙江宁波），后因金兵追击，而逃出海。金兵南侵的途中，无不烧杀抢掠，这一暴行激起沿途人们的愤怒与反抗，他们靠山筑堡，近水结寨，抗击金兵，各地抗金武装约有几十万人的大军。海盗也采取行动，投入南宋军民的抗金战斗，东南沿海人们多用海船、多桨船、捕鱼船等作为海盗船只。

三、宋朝的祈风祭海与妈祖信仰

祈风与祭海对于海商来说是一项必不可少的、神圣而重要的活动。每

---

❶ 李焘.《续资治通鉴长编》卷三十四、卷一百三十四.
❷ 《三山志》卷十九《兵防》二.

当季风来临海商将扬帆起航之时，必先举行盛大的祈风祭海仪式，乞求一帆风顺。在宋朝，朝廷直接派遣官员出面主持这项活动，其意义是微妙而又深远的。宋政府借此成为航海活动的组织者，理所当然，也就成为航海活动的管理者。这既是宋朝政府重视海外贸易的表现，又是宋政府加强对海外贸易控制的重要措施和标志。祈风与祭海活动首先起于民间，宋朝的航海和造船技术较前代虽然有了很大发展，但面对变幻莫测的海上自然环境，不虞之灾仍如头顶的悬剑，时时威胁着航海者的生命和财产安全；如真德秀在《圣妃祝文》和《海神祝文》中所说，"天下之险，莫如海道"，人们对这种无法抗拒的自然力充满了恐惧和敬畏，同时也希冀存在着能驾驭自然的神灵来操纵自然，保佑航海者的平安，于是产生了海商的祈风和祭海活动；沿海很多地方都有海商祈风祭海的场所，明州昌国县的宝陀山"海舶至此，必有祈祷"，泉州南安的延福寺也是海商祈风的地方："每岁之春冬，商贾市于南海暨番夷者，必祈谢于此。"潮州风岭港宋朝有"三娘寺"，也是海商聚集祈祷之地，万安军城东有舶主都纲庙：人敬信，祷立应，舶舟往来，祭而后行；从北到南沿海一带都有祈风祭海这一习俗，海商祭祀的海神有多个，例如，泉州一带，主要祭祀通远王，广东一带祭祀南海广利王，沿海地区祭祀最多的是天后，一般认为，天后即福建莆田湄州岛林氏之女林默，生于北宋建隆元年，(960 年)。民间有很多关于林默"化草救商""托梦建庙"等传说，由此形成了对林默的信仰和祭祀，海商把贸易中获得厚利之功"咸归德于神"，由此颂扬传播，以致"神之祠不独盛于莆，闽、广、浙、甸皆祠也"。在宋朝泉州有"天后宫，在府治门内"，不仅我国沿海各省都有祭祀天后的史迹，而且天后信仰已经国际化，日本、朝鲜以及海外很多有华人居住的地区都有天后信仰；莆田、泉州、福州、杭州、庙岛和香港等地区东南沿海的天后宫都始建于宋朝，这说明此时随着航海业的发展，祭海祈风活动空前盛行；祭海祈风已成为海商贸易活动不可或缺的重要组成部分，在海商看来，这是关系其财运兴衰，以致生死攸关的大事。海神天妃在他们的生活中具有无上的权威。宋政府为了最大限度地获取贸易利益、把海外贸易控制在政府手中，便把民间久已盛行的祈风祭海活动变为国家的一项制度，委派市舶官员和地方官主理其事，宋朝政府主持、参与祈风活动的目的在于通过神的力量控制海商，增加财政收入。宋政府把海商信仰之神及祭祀活动兴隆的地方都赐以封位和名号。嘉祐六年 (1061 年)，册封南海神诏有司制南海于利洪圣昭顺王庙，祭祀"所用冠服及三献官，太祝、奉礼祭服……如岳波诸祠"。绍兴七年 (1137 年) 九月，又加封南海神为洪圣广利昭顺威显王。元符元年 (1098 年)，左谏议大夫安焘奏请：东海之神已有王爵，独无庙貌，乞于明州定海为国县之间建祠宇，往来商旅听助营葺，得到批准；大观年间，宋政府给航海"商人远行莫不来祷"的莆田海商祈风之庙宇赐名"祥应"。宣和五年 (1123 年)，赐天后庙"顺济"匾额，封名赐号，实质上仍是政府干预和控制海外贸易的手段，把众民信奉的神灵给予官方的身份，使之接受皇帝的封赐，也是为了昭示皇帝高于一切的权威，使政府对海外贸易的控制变得更加巧妙和合理，从而也保证了政府对贸易深入、有力的干预。在皇权与神权结合的幌子下，宋政府可以更加名正言顺地把持祈风祭海活动，祈风活动由市舶司主持，参加祈风典礼的市舶官员有提舶、提舶寺丞、监舶、提举杂事等，地方官有郡守、典宗宗正、统军及商人参加。祈风活动主要是配合海商的出海与归航，在冬夏两季举行。广州五月祈风于丰隆神，就是蕃舶归来之时。祈风活动必有不少海商参加，祈风活动主要是针对他们的活动，或许他们是理应参加的人员，而且又是民间的身份，所以祈风石刻都未录其姓名。祈风活动有宗教的意义，但它不单纯是一种宗教活动，而有浓厚的政治经济因素，特别是宋政府的参与，把政府主持祈风作为固定的制度，使这一活动的政治色彩和经济目的更加明显，实际上，这是宋政府重视海外贸易总政策的一个侧面反映。❶

　　妈祖信仰，历经千年，是由地方性民间乡土神升格为全国性的航海保护神，进而过海越洋，远传海外，成为闪耀着中华传统文化光辉的世界宗教现象；综观妈祖信仰传播的历史流程，整体趋势由陆出海、由近及远曲折前进。两宋妈祖信仰的普及与传播地湄州屿，地处泉州港和福州马尾港之间，是南北航运良好的避风给水中间站，加上腹地有名的荔枝蔗糖等农产品需要外销，因此，地方性的近海航运也颇具规模；渔民、船民和客商，在当时科学水平低下、航海技术有限的条件下，面对风涛险恶随时带来的海难威胁，无能为力，充满恐惧和不安，产生了祈求有超自然力的海神来保佑平安抵岸的强烈心理需要。这时，出生于湄洲屿、心地善良、乐于助人、治病消灾、帮助遇难船民脱险的娘妈，自然成为他们梦寐以求的救护神，

---

❶ 黄纯艳 . 宋朝海外贸易［M］. 北京：社会科学文献出版社，2003.

迅速在乡里乡间传播开来。其间，信徒的风传渲染，儒士举子、宰辅邑吏以及林氏亲族的宣扬推动，都为初期的传播作出不可磨灭的贡献，以至于妃庙遍于莆，凡大墟市小聚落皆有之。在莆仙境内，达到几乎村村有庙，人人信奉的普及地步。❶

第七节　宋朝时期的海洋文学 ❷

宋朝时期是海洋文学发展繁荣的一个高峰期，这主要体现在宋诗词上，宋词在涉海方面呈现出几个特点：一是诗词大家名人写海的很多，写海或涉海作品数量多；二是海洋意象入诗入词，蕴涵丰富多彩，宋词中海洋的意象之丰富、寓含之深博、境界之空阔、格调之浪漫、理想之色彩终将成为历史上的千古绝唱。

一、宋朝的海洋文学及其审美

宋朝诗词中，写海的可观之作就相当多。我们仅从宋词词牌中填写的一些调名如"望海潮""醉蓬莱""渔家傲""渔父乐""渔父家风""水龙吟"等，也可以想到它们在产生和形成上，其中必然有不少与吟咏海洋有密切的关联。由此可知，人们对海洋现象和海上生活有着浓厚的兴趣和普遍的认知；女词人李清照一首《渔家傲》，以海入词，海事海心，尽收其中：天接云涛连晓雾，星河欲转千帆舞。仿佛梦魂归帝所。闻天语，殷勤问我归何处。我报路长嗟日暮，学诗谩有惊人句。九万里风鹏正举，风休住，蓬舟吹取三山去；辛弃疾的《摸鱼儿·观潮上叶丞相》：望飞来、半空鸥鹭，须臾动地鼙鼓。截江组练驱山去，鏖战未收貔虎，朝又暮。谩惯得、吴儿不怕蛟龙怒。风波平步。看红旆惊飞，跳鱼直上，蹙踏浪花舞。凭谁问，万里长鲸吞吐。人间儿戏千弩。滔天力卷知何事，白马素车东去。堪恨处。人道是、子胥冤愤终千古。功名自误。谩教得陶朱，五湖西子，一舸弄烟雨；苏轼的《登州海市》，意象非凡，令人入胜；陆游的《航海》，杨万里的《海岸七里沙》，文天祥的《二月六日海上大战》等，不一而足；宋朝海洋事业和海洋文化的高速发展，人们的涉海生活的丰富多彩，是宋词大放异彩的社会基础和源泉。

---

❶ 李玉昆.妈祖信仰在北方港的传播［J］.海交史研究，1994（2）.
❷ 呼双双.唐诗宋词中海的审美意象初探：载曲金良《海洋文化研究》第二卷［M］.北京：海洋出版社，2000.

二、宋词中海的审美意象分类

宋词中海的审美意象，可以分为以下几种类型：一是"海客"形象。宋朝时期，人们已经走出探海的迷惑，亲海、近海、颂海、咏海成为时代的主题。"海客"的出现可为代表，勾勒出一派高阔迷茫意境。二是海之壮阔。宋词中的"大"海，刘克庄《贺新郎·九日》"老眼平生空四海，赖有高楼百尺"，都体现了冲天的傲气，让人心神为之激荡，宋人对海的感受是一种对崇高事物的崇敬，所谓"高山仰止，景行行止，虽不能至，然心向往之"，人与自然、海合一的向往，产生崇敬和愉快。这种崇高是对自然壮美的海的崇敬，这种愉快是对自己本源的皈依，海永远只能作为人生的理想，在追求的无限中流动着它静默的高贵。三是海与伤感。海在文人视野中，其况味、意境颇值得赏玩与回思，宋词中的涉海作品，绝大多数表现的都是文人感时、身世、浮沉的人生哲学，宋词重感情抒发，重意境表现，多以景寓情，化景物为情思，宋词中的海洋作品也同样具有这种创作特征。秦观《千秋岁》"春去也，落红万点愁如海"，以海比愁思之深，更兼伤春万点落红，心境凄清、苦楚，只因"忆昔西池会"，似海深愁，何以化解缠绵悱恻的思念，让人心动忆旧怀人词中。也有反映宦游羁思仕途漂流之感的，如周邦彦《满庭芳·夏日溧水无想山作》"年年，如社燕，漂流瀚海，来寄修椽"，于"沉郁顿挫中别绕蕴籍"❶，苏、辛词中的海洋作品将一己融于大自然的怀抱之中，江海引发对自我存在的反思，遗憾于不能自主生命而陷入尘缘劳碌、风露奔走的境地，因生遁身江海之遐想，比前人任何口头上或事实上的退隐、归田和遁世要更深刻更沉重，形成了苏轼非常浓厚的人生如梦的感受："世事一场大梦，人生几度秋凉"；辛词云"湖海平生，算不负，老髯如载""问人间，谁管别离愁，杯中物"，五湖四海，浪迹一生，而今已是苍髯如载、离愁别绪、人生困顿，唯有杯中之物尚能消解，词人忧国忧民的壮心抱负未酬平添了几多"遗恨"，几多愁情。"此事费分说，来日且扶头"，也闪动着人生如梦的消极念头。四是海与仙化理想。与感伤性的海形成鲜明对比的是优美雄奇、瑰魅的海，为世人所艳羡、向往的理想仙境的海。像苏轼在《水龙吟》中描绘的"云海茫茫"的"道山绛阙"以及"蓬莱神山""谪仙风采"，一派人间天上、仙乐袅袅的胜景。

---

❶ 唐圭璋. 全宋词简编［M］. 上海：上海古籍出版社，1986.

第六章 元朝时期的海洋发展

　　元朝（1271~1368 年），由蒙古族建立，其前身是成吉思汗所建立的大蒙古国，是中国历史上首次由少数民族建立的大一统王朝。定都大都（今北京），从 1206 年成吉思汗建立蒙古政权始为 162 年，从忽必烈定国号元开始历时 98 年。1206 年，成吉思汗铁木真统一漠北建立大蒙古国后开始对外扩张，先后攻灭西辽、西夏、花剌子模、金等国；1260 年忽必烈即汗位，建元"中统"，1271 年元世祖忽必烈发布《建国号诏》，取自于《易经·乾篇》的"大哉乾元，万物资始"之意，改国号为"大元"，次年迁都燕京，称大都。1279 年，元军在崖山海战消灭南宋，结束了长期的战乱局面；元朝废除尚书省和门下省，地方实行行省制度，开中国行省制度之先河。元朝商品经济和海外贸易继续发展，出现了元曲和散曲等文化形式。

　　元朝是当时世界上最强大、最富庶的国家，它的声威遍及亚洲并远震欧、非。由于中外交往的频繁，中国人发明的罗盘、火药、印刷术经过阿拉伯传入欧洲，中国所造的巨大海船由于马可·波罗的宣传已闻名于世。经过元朝较短的一段时间的承前启后，我国古代造船技术到明代初年即达到了鼎盛阶段。元朝在海上交通方面，无论是在航行的规模、所达的地域范围、航海的技术上，还是在沿海和远洋航路上，都超过了宋朝。元朝后期曾两次附商舶游历东西洋的汪大渊，根据亲身经历写成的《岛夷志略》一书，记载海外诸国 96 条，海外国名、地名达 220 余个。尤其需要指出的是，元朝极其发达的中外交通为东西方之间的文化交流创造了极好的条件，高度发达的航海技术使中外贸易急速增长，许多中国人随元朝远征军移居海外把中国的文化带到了遥远的异域；与此同时，大量海外东亚人、西域人入元为宦、经商、传教、游历，他们中的许多人在中国落地生根定居下来，带来了异域奇物和文明。元朝区别于中国历朝历代的一个显著特征即它是一个世界性帝国，这一时期的东西方文化交流也带有这个时代的特点。中

国印刷术西传欧洲，对于日后欧洲文艺复兴和资产阶级启蒙等文化活动具有极大的意义。❶

第一节　元朝的海外贸易及其管理制度

一、元朝贸易地区的扩大与进口物品

谁控制了世界海上商道，谁就获得更多的利润，元朝政府的海洋政策即建立海上霸主地位，控制中国商船所及的海洋商道；元朝通商所及的国家和地区相当广泛，东到高丽、日本，南至印度和南洋各地，西南通阿拉伯、地中海东部，西边达非洲，其中，同高丽和日本的贸易往来在元朝的海外贸易中占有十分重要的地位；元朝的海外交通有很大的发展，东起菲律宾，西至西班牙、摩洛哥，南达帝汶岛，褒括了东南亚、南亚、西亚、东北非以及欧洲的一部分，把海上通商的主要国家和地区都包罗进来，海上航线已深入到东非一带，据研究考证，总共达 143 个国家和地区，盛况是空前的。尤其是广州海外贸易极其繁荣和昌盛。

元朝进口货物包括宝物、布匹、香货，总数当有 250 种以上。特别是广州，按《大德南海志》的叙述其进口物资的品种，亦是盛况空前；按照进口货种的分析，当时最受欢迎同时也是输入最多的，大概有三大类：一是香料，主要是从东南亚国家和大食诸国输入；二是高级奢侈品，如象牙、犀角、珍珠、玻璃等，除了从印度、大食诸国输入外，远如东非和欧洲国家亦有输入；三是纺织品，如棉布、驰毛段等，多从印度、大食等国输入。因此，广州的舶货市场，亦呈现出一种繁荣的景象。中外商贾云集，珠宝珍奇，堆积如山，市场之繁荣实不亚于唐宋时期。至于出口物资，主要有如下几类。一是丝织品类：《岛夷志略》也多次提到丝织品。例如，"丁家卢"条："货用……小红绢"。"东冲古剌"条："贸易之货…青缎"。"渤泥"条："货用……色缎"等。甚至连"层摇罗"(层拔)这样的东非国家，也有"贸易之货，用……五色缎"的记载。二是瓷器和陶器类：陶瓷器的出口数量很大。凡是与中国通商的国家，几乎都要进口中国的瓷器，按照《岛夷志略》的叙述，由中国输入瓷器的国

---

❶ 曲金良．中国海洋文化史长编（宋元卷）［M］．青岛：中国海洋大学出版社，2013.

家和地区分属今天的日本、菲律宾、印度、越南、马来西亚、泰国、孟加拉、伊朗等国家。事实上，埃及、索马里、苏丹、摩洛哥、埃塞俄比亚、肯尼亚、坦桑尼亚、奔巴岛、桑给巴尔岛以及东地中海沿岸到美索不达米亚地区，都有元朝的瓷器或碎瓷片出土。这些瓷器亦有许多是通过广州出口的，其间(指广州)最大者，莫过于陶器场，因此，商人转运瓷器至中国各省及印度、也门。❶三是金属和金属制品，《岛夷志略》也记载东西洋地区有50余国从中国进口金属和金属制品。四是农产品和副食品以及日常生活用品等。❷

二、元朝的市舶管理 ❸

元朝在东南沿海的泉州、庆元、上海、澉浦、杭州、温州、广州七个主要港口设立市舶司，在设司的初期，大多由地方行政长官兼任市舶司的拦管官，地方行政主管兼市舶司，不但提高了市舶司的地位，而且还可以达到进一步加强市舶管理的目的。如泉州，"令忙古解领之"；上海、庆元、澉浦，"令福建安抚使扬发督之"，❹元朝时期，先后两次制订市舶管理条例，市舶明确归行省管理。主要内容大致包括统一税率、调整机构、禁止行省官员、行泉府司官员以及市舶官员牟利等。第二次是仁宗延佑元年(1314年)，进行了修改，重新制定了延佑《市舶法则》。可以说，中国的市舶管理进入元朝之后，已经是有了一套具体的管理制度，而且用条例的形式规定下来，使管理人员有章可循，使中国的市舶管理越来越趋于成熟。元朝的市舶管理在继承宋朝管理的基础上，有了新的特点，主要表现在如下的几个方面：

一是在征税的方法上，有"双抽"和"单抽"之分。即进口货经上岸抽分后，运往内地贩卖时，须要再抽分一次，谓之"双抽"。而本国的土货，只在出售时征税谓之"单抽"。这种方法，既保护了国家的关税，也鼓励本国的商品出口。

二是在外贸商品管理上，取消进口商品的"禁榷"制度，推行比宋代更开放的政策，进而鼓励外商来华贸易。此外，还"罢和买，禁重税"，减轻舶商的经济负担，创造了比宋代更为有利的贸易条件。

---

❶ 张星烺.《中西交通史料汇编》第二册［M］.北京：中华书局，1977.

❷ 邓端本.广州外贸史(上)［M］.广州：广东高等教育出版社，1996.

❸ 邓瑞本.广东对外贸易史［M］.广州：广东高教出版社，1996.

❹ 《元史》卷九十四《食货志·市舶》.

三是创建"官本船"制度。为了抵制权势、权贵对外贸的垄断，创建了企图由国家垄断的"官本船"制度。

四是创立了对海商和所有从事海外贸易人员的优恤制度。除免除舶商和梢水人员家属的差役外，元朝政府还给海商低息的贷款。

从以上的比较，可以清楚地看到，重视商业及商人的作用在元朝施政中是比较突出的。与此相关的还有如下方面：首先是起用商人掌管国家政柄。元世祖忽必烈先后任用阿合马、卢世荣、桑哥等大商人担任中枢重臣，此三人都是理财能手，如"官本船"制度便是卢世荣提出来的。在元世祖统治的三十余年中，所有重要的经济政策，几乎都是出自这三人之手。其次是不断降低商税。通过这些办法，进一步刺激商业的发展。此外，为了防止官吏对商人的侵害还颁布了不准拘雇商船、商车的禁令。如果商贾财物被盗窃之后，地方政府破不了案的，则以官物偿之。贫困的商贾，政府还给予救济。总之，元政府对商人利益的保护十分周到，为历代封建王朝所罕见，正因为元朝实行上述利商的措施，海外贸易繁盛，出现"富人往诸番商贩，率获厚利商者益众"的局面，涌现出许多经营海外贸易的富商、巨贾；政府通过市舶获利，亦是巨大的，市舶的收入是可观的。

三、元朝的"官本船贸易制度"❶

官本船制度，所谓官本船制度，顾名思义，就是由官方出钱出船，委托商人经营的一种官本商办海外贸易模式，其基本思想来源于斡脱（意为合伙），二者有异曲同工之妙，官本船的所谓"官本"，均出自元政府的财政拨款，收入归于国库，它代表的是统治阶级的整体利益和国家利益。在中国古代社会经济发展史上，官方对海外贸易的控制一直是非常严格的。这种控制一方面表现为官方使用政治强制手段推行所谓的"海禁"；另一方面，封建政府凭借财力优势实行官营海外贸易。而元朝官本船制度的实行，可以说是古代中国官方控制和经营海外贸易的最佳典型。元朝官本船制度的产生与早期的斡脱经营模式有一定的渊源关系。

元政府对海外贸易是十分重视的。至元十四年（1277年），当元军攻取浙闽地区后，立即设立了泉州、庆元、上海、澉浦四处市舶司，管理海外

---

❶ 喻常森.元朝官本船贸易制度［J］.海交史研究，1991（2）：92~98.

贸易事宜，元政府不但鼓励沿海商人积极从事海外贸易，而且向海外各国宣布"往来互市，各从所欲"的开放政策。元政府这样做，一方面当然是为了发展社会经济，增加财政收入；另一方面也是为了满足蒙古贵族对海外奇珍异物的追求。早在至元十年(1273 年)，在元朝还未统一东南沿海以前便迫不及待地派出使者携重金前往海外采购名贵药材，以后又不断派遣使者和特命商人到海外各国"图求奇宝"。元政府深知海外贸易的重要及利润的厚沃，必须牢牢加以控制，于是便构思出一套在政府控制和参与下进行的海外贸易模式。

官本船制度实行的时间并不长，而且又是断断续续的，但无论如何，它却是元朝海外贸易的主要制度之一，其中一些做法堪称中国古代官营海外贸易的一大创举。国家的大投入必然带来高的产出，这是经济学的普遍规律，官本船制度为政府赢得了大笔经济收入，并培植了一批靠借贷官本船贸易而致富显达的大海商。元朝实行的这套由元朝国家预垫资本雇募商人承办而从中分利的官本船海外贸易制度，为东南沿海的广大商民投身海外贸易的实践活动提供了方便，也为元朝后期私人海外贸易的发展提供了一定的前提条件。

第二节　元朝海港城市的崛起与兴盛

随着宋元时期海上贸易的巨大发展，我国沿海特别是东南沿海地区的港口呈现繁荣景象。在众多的港口中，比较重要的海港有南方的泉州港、广州港、明州港等大港口和北方的登州港、天津港。这些港口成为宋元时期对外贸易、海上交通、文化交流的中心，对推动宋元两代的社会和经济发展发挥了重要的作用。❶

一、泉州港 ❷

元朝的对外贸易进入一个新的阶段，出现了举世闻名的泉州港，对外贸易的国家与地区、进出口商品的数量均远远超过了前代，市舶司也从草创时

---

❶ 曲金良 . 中国海洋文化史长编（宋元卷）［M］. 青岛：中国海洋大学出版社，2013.

❷ 林仁川 . 福建对外贸易与海关史［M］. 厦门：鹭江出版社，1991；曲金良 . 中国海洋文化史长编（宋元卷）［M］. 青岛：中国海洋大学出版社，2013.

期发展到完善阶段。两宋时期，泉州港的对外贸易更加繁荣。至元朝，泉州港超过了广州，一跃成为世界最大的贸易港之一。泉州港内，商船云集，外商众多，海外交通贸易达到了新的高峰。泉州港的海外贸易进入了全盛时期，与泉州贸易的国家与地区由南宋的50多个增加到100多个，福建海商遍及南洋各地、印度洋各国，并越过波斯湾，到达非洲东海岸。大量的外国商人从南宋末年开始，也纷纷来到泉州，有的候风驶帆，做完生意即行离去，有的就在泉州长期住下来，这些商人中以阿拉伯人最多，其次还有高丽人、占城人、马八儿人、波斯人等。他们初来时，与当地人民杂居在一起，所以史书上常有"蕃商杂处民间"的记载。后来因为外商人数不断增多，在城内居住不下，慢慢地集居到泉州城南部一带，形成各国商人居住的集中区域。

　　元政府对泉州港更加重视，把它作为对外联系的主要港口，一时间出现商人云集、贸易昌荣的情况。许多中外使者或旅行家也从泉州登岸或出海。马可·波罗奉忽必烈之命出使伊儿汗国，也是由泉州乘船出海的；后来摩洛哥旅行家伊本·白图泰来中国游行，同样在泉州上岸。由此可见，当时泉州不仅成为元朝对外贸易中心，而且成为元朝对外政治、军事的海上交通中心。《马可·波罗游记》真实地记载泉州的景象，书中说"到第五天傍晚抵达宏伟秀丽的刺桐城（泉州），在它的沿岸有一个港口，以船舶往来如梭而出名，船舶装载商品后，运到蛮子省各地销售，运到那里的胡椒数量非常可观，但运往亚历山大供应西方世界各地需要的胡椒就相形见绌，恐怕不过它的百分之一吧，刺桐是世界上最大的港口之一，大批商人云集这里，货物堆积如山，的确难以想象"。❶ 伊本·白图泰在他的游记中也说："刺桐港为世界上各大港之一，由余观之，即谓为世界上最大之港亦不虚也，余见港中，有大船百余，小船则不可胜数矣，此乃天然之良港"，❷ 元朝时期泉州的对外贸易，确实达到空前繁荣的阶段，泉州港已成为当时世界上最大的商港之一。元朝与菲律宾群岛的贸易有了进一步的发展，不仅贸易地区有所扩大，新增加了麻里鲁、民多郎、苏禄等国家，元朝继续保持通商联系，自福建至真腊的航路仍然畅通无阻，从圣友寺及清净寺的沿革可以看出泉州与阿拉伯海上交通的情况。

---

❶《马可·波罗游记》第82章《泉州港》.

❷《伊本·白图泰游记》.

二、广州港 ❶

元朝的广州港口的地位发生了变化，已经不再是全国第一大港了，代替它而兴起的是福建的泉州港，泉州港的兴起和广州港的衰落并不是突然的，而是宋室南渡之后中国政治、经济形势变化的结果，在南宋中期至末期这一段时间内，泉州海外贸易发展的速度大大地超过并最终取代广州而成为全国第一大港，分析当时的情况，泉州之所以能超过广州，有如下几种因素作用。

第一，宋室南渡，杭州成了当时南宋的首都。京城是政治和经济的中心，又是全国最大消费中心，随着舶货消费中心的转移，形势对泉州起了有利的变化，因为从地理距离来说，泉州离都城要比广州近，从经济效果来说，泉州较广州优势明显，因而南宋期间泉州港的发展速度要比广州快，进而导致对外贸易重心的逐步转移。

第二，由于宋金战争，大批士大夫和宋廷宗室贵族逃往福建避难，引起了舶货市场的变化，当时的泉州要比广州拥有更多的舶货消费者，促成泉州市场的繁荣和广州市场的衰落，有大批阿拉伯商人从广州迁往泉州经商，泉州市场比广州更具有吸引力。

第三，宋军与元军在广州一带经过了多次战争，崖山之役，浮水之尸10万，损失船舰无数，战乱中社会经济遭到很大的破坏，不少汉族人民因不愿受蒙古贵族的统治，纷纷逃亡海外，海外贸易受到很大的影响，而泉州没有受到什么战火的破坏。

第四，全国经济重心向江南转移。元初，政治中心虽然北移，但食粮财用还要仰仗东南，南北交通仍以海道为主，泉州在当时具有特殊的重要位置，广州是无法与之抗衡的。

三、庆元港（明州港）❷

庆元港在元朝海外贸易和国际关系中的地位非常重要。元世祖至元十三年 (1276 年) 元军占领定海 (今镇海) 与明州城；同年，改庆元府为庆元路。

---

❶ 邓端本 . 广州港史（古代部分）［M］. 北京：海洋出版社，1986；曲金良 . 中国海洋文化史长编（宋元卷）［M］. 青岛：中国海洋大学出版社，2013.

❷ 郑绍昌 . 宁波港史［M］. 北京：人民交通出版社，1986.

元朝执行了比南宋更为开放的对外政策,它不但允许外国人"往来互市,各从所欲",而且要各地市舶司"每岁招集舶商(本国商人),于蕃邦博易珠翠、香货等物;及次年回帆依例抽解,然后听其货卖"。❶与此同时,元朝统治者对宗教活动特别支持,无论是佛教徒、道教徒,还是伊斯兰教徒等,也不管他们是经商还是传道布教,在税收和进出境上都给予比较优厚的待遇,所以元朝的海外贸易和国际交往比宋代更为繁盛。与元朝有海外贸易关系的国家和地区遍及欧、亚、非三大洲,达到140多个。宗教徒之间的友好往来,更是频繁密切,元僧赴日或日僧来元,也多在庆元港启程或登陆。通过海上航线,诸如中国与日本、高丽间佛教徒的交往,中东伊斯兰教徒的东来,欧洲基督教徒的南下等,常常见之于史载而流传至今,在元朝的对外关系史上,庆元港占有很重要的地位,它包办了元朝对日本、高丽的海外贸易。凡日本商船赴元贸易,几乎无一例外地在庆元港寄泊,至于日本"入元僧名传至今的,实达二百二十余人之多";❶元朝开放海外贸易,除了征收贸易税以弥补因连年征战而日益空虚的国库外,也想利用对外的文化和物资输出,扬威海外,促使各国臣服。元朝三次大的海上远征活动与庆元港有关的就有两次,表明了庆元港在元朝海上交通中所占的地位是很重要的,不仅是全国的三大外贸港口之一,也是当时重要的军事港口。

庆元港同时是国内航运的重要渠道。庆元港的海运漕粮,起先是由设在庆元城内的庆绍海运千户所兼管的。直至皇庆二年(1313年)改海运千户所为运粮千户所,庆元才有了专职的海漕管理机构,庆元港有组织、有计划的海漕运输就从这时候开始。元朝庆元港的海漕运输的通航,主要意义在于通过海道运粮,使原先已断航多年的北路航线得到恢复,并由此积累了有关北路航线的航道、季风及相应的驾驶技术等方面的经验。到元朝的中后期,渤海湾的直沽,山东半岛的登州、莱州、胶州等港口已常有商船、运粮船往返于庆元港。北方的商船和商人,特别是山东和江苏的商船、商人逐渐在庆元扎下了根,为向北商业船帮的最终形成奠定了基础。庆元港还是重要的对外贸易港。庆元港是元朝三大主要贸易港之一(其他两个港口是广州、泉州),也是对日本、朝鲜贸易往来最重要的口岸。当时庆元港的进口货物有珊瑚、玉、玛瑙、水晶、犀角、琥珀、珍珠、倭金、倭银、象牙、玳瑁等珍异和香

---

❶《元史》卷九十四.

药，共计 120 个品类。元朝庆元港的海外贸易有其自己的特点：

一是输出入货品种类繁多，达 220 余种，大大超过了宋代；二是贸易品从以前高价奢侈品为主逐渐转向以日常生活用品为主，如东南亚输入的棉花和棉织品代替了丝织物而成为人们日常生活的必需品；三是贸易品产地很广，庆元港直接和间接的贸易地区包括了东南亚、东亚、南亚、西亚及非洲等众多国家和地区；庆元港是主要的对日贸易港，日本来元的商船，主要还是在庆元港进出；与高丽仍然保持着海上贸易往来，中国人对产自于高丽的青瓷、铜器、纸张和食物等十分喜欢，而中国的茶、瓷器、丝织、书籍也运往高丽。

元沿宋制，至元十四年 (1277 年)，元朝在庆元设置了市舶司来管理海舶的验货、征税以及兼理仓库、宾馆等事务，庆元路市舶提举司对来港商船征收商税的办法是抽分 (抽解)。抽分率同宋代一样，细色十抽一，粗色十五抽一；后来虽有些升降变化，税率是比较低的。到至元三十年 (1293 年) 后，才推行泉州市舶司的设立，加征船舶税三十抽一，而且还确定了"双抽""单抽"之制，以保护和扶植土货的出口。元朝庆元港最突出的变化是国际航运的发展和因实行海漕而使国内的北路航线得到恢复。元朝地跨欧亚，国际航运的需求超过以往任何朝代，元朝廷对于国际航运和贸易的限制也相应放宽，特别是庆元港两度成为元军远海征战的基地，海上运输活动的规模相当庞大。这就刺激了庆元港的码头、仓场、造船、航海等多方面的发展；元朝又改河漕为海漕，庆元港与北方港口的交通不仅得到了恢复，而且又有了很大的发展。

四、登州港 ❶

元朝登州港是因海运复兴的，是元朝南北海漕的中枢，元建都于大都 (今北京)，北方成了元朝的政治、军事中心所在，而经济、文化重心在南方，造成了政治军事重心和经济文化重心分离的格局。这是北方经济力量所难以支撑的，有赖于南方在经济上的支持，很多生产生活物资都依赖于江南供给，特别是粮食，这些物资需要海运，登州处在南北海漕的中枢地位，是必经之地，这样登州港的地理优势会得到充分的体现，注定了登州港因海运而复兴的前景。

---

❶《登州古港史》编委会，寿杨宾. 登州古港史［M］. 北京：人民交通出版社，1994.

登州港，特别是其外港沙门岛（庙岛）在海漕中的地位是十分显著的，为海运粮船之必经；每当运期，沙门岛，如刘家港（粮船始发港）"万艘如云，毕集海滨，蔚为壮观"，登州港作为海运之中枢，主要是一个粮食转运港或集散港，从海上将粮食由南往北运，规模越来越大，海运航线开始进一步摆脱了海岸的束缚，缩短了南方港口和登州港的距离，经济、合理、使用价值高，为后世所沿用。港口经济技术的发展，管理水平提高，为了保证粮食运输的低耗、高效、安全，在运粮船队方面，政府建立了严格的编制；据《登州府志》记载，元惠帝"至正十七年（1357 年），于登莱沿海立三百六十屯，相距各三十里，造大车挽运"，往登州等港集中，这样，登州港和沙门岛负责对粮食的装卸，船只的寄泊、移泊、进出口的调度，船只的修理以及待修船只的管理，港口管理服务的内容大为丰富，体现了其繁忙和复杂的程度，管理业务得以拓展，港口管理的水平亦得以提高。鉴于登州港及其外港沙门岛在海运粮食中的重要地位，元朝登州照旧驻扎水师，用以巡逻登州海面、诸岛；1351 年 3 月，还由于形势关系，"立分元帅府于登州"，可见港口防卫之加强。

元朝，全国平定以后，特别是南粮北运，刺激了登州的港航活动使其进入一个复兴时期。登州港为南粮北运的中枢港口，登州港不仅是我国瓷器外销的北方集散地和主要港口，在国内瓷器的集散和贸易中也有重要的地位。登州港与泉州福州港，杭州、明州港，直沽、平州港以及辽宁的金州港等港口保持着密切的、传统的交往，和国内的许多地区也保持着广泛的贸易联系。在海外交往方面，登州港保持着与高丽的交通往来，往高丽活动者为数不少，元仁宗延祐三年（1363 年），高丽西海道安廉使李齐贤，曾多次往返元大都，并乘船到过登州港。据记载，元成宗元贞元年（1295 年），高丽政府就曾遣人航海往益都府。元朝因和日本交恶，和日本的贸易主要在南方，但日本和登州的交往也是存在的。

五、直沽港 ●

直沽地处水运要津、大都之门户，故大都所需的江南物资和赋税，无不到直沽港接卸转运。初期，到直沽的"皇粮"漕船，自浙西涉长江入淮

● 《天津港史》编委会．天津港史［M］．北京：人民交通出版社，1986．

水，由黄河逆流至中滦，陆运至淇门，入御河。至元二十六年(1289年)，元政府发武卫军千人，修挖河西务至通州漕渠京师疏运变畅。1291年，又凿通州至大都运粮河(定名通惠河)。航道开通后，直沽港的疏运持续大畅。1290年和1291年，直沽港的年转运量增加到150万石以上，成为直沽港的第一次海运兴盛时期。元朝80多年中，每年征敛的金、银税收，约有半数来自江浙，粮食岁输京师约1350万石，❶ 无论河运海运，直沽港始终是最重要的漕运枢纽港。

　　为保持集运和疏运河道畅通，元朝对直沽港的航道采取了人工治理。至治元年(1321年)，直沽航道的三岔河口，因潮汐往来，淤泥积达70余处，漕船再次通行不便，元王朝令募大都民夫于四月十一日开始清淤。元朝对多淤多沙的界河，采取人工浚挖治理，收到明显效果，对直沽港海运的发展有一定影响。从至大二年(1309年)，元朝在直沽，始立镇守海口军队，每年漕运旺季，调兵千人到直沽，保护海口和航行，对完成直沽港的漕粮转运发挥了一定作用。直沽既是皇粮最重要的转运港，又是京师重要的物资储备之地，与码头相适应的仓储设施十分发达。直沽港口除转运皇粮之外，南方的瓷器及丝织品也大量运到直沽市场。随着海运和直沽港口的发展，元政府在直沽设立了漕粮接运厅，直沽港在元朝经济、政治中占有很重要的地位也是直沽港兴盛发达的见证。在元朝与国外的贸易和交往中，凡外国使臣、传教士、商人旅游者沿水路进出大都时，都要经过直沽港。在元朝任职的意大利人马可·波罗曾沿水路经直沽出游南方各地。直沽港在接送诸国使臣、旅游者，发展对外交往，密切元朝和世界的联系中发挥着重要作用，元朝直沽港航道码头设施的发展，为直沽港手工业、商业以及盐业的发展创造了便利的运输条件。

第三节　元朝的海上航线与海外交通

一、元朝的水师、战船与水战 ❷

　　为了克服江河的屏障，蒙古军不得不建立自己的水师。蒙古窝阔台汗十

---

❶ 蔡美彪，严教杰，等.中国通史(第七册)[M].北京：三联书店，1995.

❷ 席龙飞.中国造船史[M].武汉：湖北教育出版社，2000.

年 (1238 年)，其将领解诚，"善水战，从伐宋，设方略，夺敌船千计，以功授金符，水军万户，兼都水监使"。❶ 此盖为元朝水军之始。在忽必烈即位的中统元年 (1260 年)，即任命张荣实为水军万户兼领霸州，加上孟州、沧州及滨棣州海口、睢州等地诸水军将吏共 1705 人。❷ 还有先前的水军万户解诚统领的 1760 人，元水军已达 3460 余人；忽必烈采纳了宋降将刘整的"先事襄阳，浮汉入江"的军事策略；至元十六年 (1279 年)，元水军大举进攻南宋的最后基地崖山 (今广东新会以南)；崖山之战，宋军大败，陆秀夫背负宋帝赵昺投海自尽，至此，统治中国三百多年的赵宋王朝灭亡；元灭宋之战，得力于水师，短短三年间就造战船 7000 艘 (至元七年 5000 艘，至元十年 2000 艘)。这是按宋降将刘整的奏请并由刘整督造的；还为用兵海外，从至元十一年到至元二十九年，共造海船 9900 艘。❸

　　元朝是一个强大的帝国，在海上交通方面尤其如此，海上交通往来频繁，元世祖忽必烈灭宋以后，收纳了南宋许多和航海事业有关的人才；元朝也和宋朝一样，在全国几个重要海港分设市舶司，主要有三处，即泉州、广州、庆元 (今宁波)，其他设立过市舶司的还有长江口以南的上海、温州、杭州等地。元朝重视对外的经济与文化交流，海外来中国的各界人士甚众，且多受到元朝廷的优厚礼遇，有的还在元朝位居要职；来而不往非礼也，元朝也不断派出使节到海外通好，汪大渊就是杰出的代表，凡"其目所及，皆为书记之"，据两次经历，撰成《岛夷志略》，该书内容宏富，分条细致，记载翔实，成为中外海上交通珍贵史料，记载了他所到达之地有 200 余处，几乎包括现在的越南、柬埔寨、泰国、新加坡、马来西亚、印尼、菲律宾、缅甸、印度、斯里兰卡、马尔代夫、沙特阿拉伯、伊拉克、也门、索马里、坦桑尼亚、肯尼亚等广大地区。元朝中国商船、商旅更为频繁地进出与往返南海至东、西洋之间，遍游东西洋诸国，中国对西方国家的了解也大大进了一步。远洋船声名远播海外，元朝的远洋海船，由马可·波罗的《东方见闻录》而远传海外，马可·波罗在他的游记中说，刺桐 (泉州) 港在商业量额上，是世界上两大港之一，并对元朝船舶在结构上的特点和优点赞赏有加；元朝的海上漕运，突破以往任何一个朝代。

---

❶ （明）宋濂.元史·解诚传［M］.北京：中华书局，1976.

❷ （明）宋濂.元史·世祖纪［M］.北京：中华书局，1976.

❸ 章巽.中国航海科技史［M］.北京：海洋出版社，1991.

二、元朝的近海漕运与远洋航路

元朝，不仅国土广大，疆域超过前代，在海上交通方面，无论在航行的规模、所达的地域范围、航海的技术上，还是在沿海和远洋航路上，也都超过了唐、宋两代。元朝建都于大都 (今北京市)，当时经济上最发达的地区是在南方，特别是在长江下游及东南沿海一带，京城所需的大批粮食大多要靠南方供给。河运漕粮常因天旱水浅、河道淤塞，漕粮船不能按期到达，无法满足南粮北运的需求，为了改变这种局面，于是开辟了海上漕运线，成为元朝沿海海运的主要航路，为了寻找一条既经济又安全的海上运粮线，自至元十九年 (1282 年) 开辟第一条海运漕粮的航路后，到至元三十年的 12 年内，先后变更了三次航线；元朝海上运粮的规模是庞大的，海运和我国北方人民生计发生如此重要关系，可说是自元朝开始。❶

元朝建立"旷古未有"的漕粮海运体制，选择海路将江南漕粮运往元帝国的大都城，供应军事帝国的财政开支与维持草原内陆的向心力，在中国海洋史上具有重大深远的影响，亦为元人视作本朝超越汉、唐的标志性政治成就。漕粮海运对于元帝国具有重大政治、经济意义，然而却给东南沿海民众造成沉重的海运劳役，它改变南宋旧有的漕粮征收格局，造成江南地区"重赋"现象，海运体制中的严重待遇不公更使得江南与元朝之间形成严重的族群对立和冲突，最终使得漕粮海运体制在元末终结，留下"胡元暴虐、草菅民命"的历史记忆，以及"帝国亡于海"的历史昭鉴，至明清时期视海洋为畏途，使得中华民族探索利用海洋的进程遭受重大挫折。❷

元朝在宋代的基础上远洋航路又有进一步的发展，交通范围也较前更扩大了。汪大渊根据亲身经历，写成《岛夷志略》一书，此书记海内外诸国和地区计 96 条，记载海外国名、地名达 220 余个，都有航路可通，为汪大渊亲历之地。此外，大德年间 (1297~1307 年) 陈大震等人所修《南海志》，记载有海上贸易的国家和地区多达 145 个 (其中有个别重复者)，亦反映了当时远洋交通范围的广大。❸

航海时用罗盘指向等方法所确定的行船路线，为一种对海上航路较精确

---

❶ 汶江 . 古代中国与亚非地区的海上交通 [M] . 成都：四川省社会科学院出版社，1989 .

❷ 陈彩云 . 民生灾难与族群藩篱：元代漕粮海运及其社会后果的再思考 [J] . 社会科学，2018 (6) :155 .

❸ 郑一钧，李成治 . 郑和下西洋对我国海洋地理学的贡献 [J] . 传统文化与现代化，1994，2 .

的记录。郑和一行在为航海出使异域做准备时之所以要"累次较正针路"，正因为这些针路记录是元朝流传下来的，只有通过在亲身航海实践中"累次较正"，发现并纠正其在流传过程中的失误之处，方能作为以后航海采取什么航路的依凭，而不致差之毫厘、谬以千里误了航海大事。反映郑和初期航海活动的这一段史实，说明了元朝海上航路的发展，为郑和七下西洋进行大规模的航行奠定了重要的技术基础，❶ 元朝，以测量天体高度来判认船位变化的记载就十分明确了。据马可·波罗乘坐中国海船的远航纪实文字可知，中国航海者已非常注意观测北极星的高度变化。在《马可·波罗游记》一书中，共有四处关于星体出地（或出水）高度的记载，马可·波罗于 1292 年从福建泉州港起航，利用护送蒙古公主阔阔真去波斯的机会踏上了返回家乡的归途；马可·波罗一行千里迢迢选择此地登船是很有道理的，泉州港是国内最大的国际贸易港口，远洋船舶精良，航海技术人才汇集，天文航海气象知识有了长足进步，对航海天文气象预测知识开始趋向全面与系统，并能及时地避开不利的航行天气条件，选择较为有利的航行天气条件，提高了海上航行的安全；测潮汐表的发展，对航海活动产生了重要而又深远的影响，李约瑟说"在十一世纪中，即在文艺复兴时期以前，他们（指中国人）在潮汐理论方面一直比欧洲人先进得多"。

三、元朝的海外交流 ❷

（一）元朝中国与南亚和东南亚的海上交通

元朝时期南海诸国和中国官方交往的，仅《元史》所载就有 20 余国，其范围较前代为广，❸ 由于元世祖征爪哇一役，使大量中国人移民印度尼西亚各地，中国人的足迹几乎遍达印尼各岛，从而大大促进了各岛与中国的关系；至于马来半岛上各地以及苏门答腊，和中国的来往更为密切。南亚和中国海上交往最密切的要算南印度及西印度各国，印度有船舶来泉州，中国船经常去俱兰、马八儿、古里、来来、下里等地。马可·波罗称马八儿与俱兰为前往中国最近之城，中国人到此地的特别多，中国和这些国家的贸易额很

---

❶ 章巽.中国航海科技史［M］.北京：海洋出版社，1991.

❷ 汶江.古代中国与亚非地区的海上交通［M］.成都：四川省社会科学院出版社，1989.

❸ 汶江.元代的开放政策与我国海外交通的发展［J］.海交史研究，1987，12.

大，远远超过西亚各国，中、印官方的交往也很密切，两国之间海上交通都掌握在中国人手里，中国船舶坚固而且设备完善。

（二）元朝中国和阿拉伯的往来

元朝中阿之间的人员和科学、技术交流仍然继续进行，中国工程人员参与治理幼发拉底与底格里斯两河的灌溉工程，中国的火器就是大约在1258年传入阿拉伯的，阿拉伯天文学家扎马鲁丁也曾受委派带着七种天文仪器贡献给忽必烈，阿拉伯人所制的地球仪也传入中国，这也许是传入中国最早的地球仪；中、阿之间的医学交流，在宋代就存在，在元朝更盛。

（三）元朝与波斯的关系

波斯和元朝的关系相当密切，波斯国王曾派贵族使者来向元世祖忽必烈请婚。忽必烈同意并赐宗室女为其妃子，派人护送，由海道前往波斯。另有波斯使者由海道来中国，颇受优待，并与一元朝贵族女子结婚。民间的交往也有。

（四）元朝与非洲的关系

元朝和非洲的交往比宋时密切。汪大渊曾访问过非洲，摩洛哥大旅行家伊本·白图泰来过中国，白图泰是古代罕有的旅行家。他漫游28年，经历124000千米。他的游记成书于1355年，是研究14世纪亚、非诸国的重要材料。伊本·白图泰20岁时辞亲远游，经历非洲及中东各地。1333年辗转至印度，于1346年前后到达中国，他的游记中有关于中国港口、船舶及中国与印度间海上交通的记载。他还提到中国瓷器远销非洲："这种瓷器运销印度等地后，直至我国马格里布，这是瓷器种类中最美好的。"

四、元朝中外航海家、旅行家

（一）元朝中外航海家 ❶

1. 亦黑迷失

亦黑迷失是畏兀儿人，元灭宋以前，元世祖忽必烈已经有志于海外，于

---

❶ 刘迎胜. 丝路文化·海上卷［M］. 杭州：浙江人民出版社，1995.

至元九年 (1272 年) 派他出使 "海外八罗孛国"，即今印度西南濒阿拉伯海之马拉巴尔，这是他第一次出海，此行往返两年，于至元十一年 (1274 年) 携八罗孛国商使归国，向世祖奉表并进献珍宝；于至元十二年 (1275 年)，亦黑迷失第二次出海，再次奉使其国，与该国的 "国师" 一起归来，进献 "名药"，元廷因功授以兵部侍郎；两次出使印度南部使他对东南亚、印度洋航海积累了丰富的经验，掌握了许多海外诸番的知识，至元十八年 (1281 年) 亦黑迷失奉命第三次出海，招谕占城，亦黑迷失出兵占城，历时数年，占领占城沿海地区，但占城军队退至内地抵抗，亦黑迷失无功而还，至元二十九年 (1292 年)，亦黑迷失奉诏北上参与议征爪哇，亦黑迷失负责航海。忽必烈下旨，要亦黑迷失遣使至海外诸国招降，这是亦黑迷失第五次奉命出海。据《元史·世祖纪》记载，这些国家的使臣被送入元，到至元三十一年 (1294 年) 十月才被遣还。亦黑迷失在海上活动了 20 余年，5 次出洋，其中 4 次前往印度、斯里兰卡，是元初中国杰出的少数民族航海家，为中外文化交流作出了贡献。

2. 杨庭璧

至元十六年 (1279 年) 世祖遣杨庭璧出使俱兰，杨庭璧一行于同年冬十二月启程，4 个月后 (至元十七年 4 月) 至其国，俱兰国主用波斯文写下降表，请杨庭璧带回元朝，并约以来岁遣使入元进贡。至元二十年 (1283 年) 正月，忽必烈委任杨庭璧为宣慰使，命他第四次出海奉使俱兰等国。到至元二十三年 (1286 年)，响应杨庭璧要求先后来元入贡的海外诸番共有 10 国。

3. 列边·扫马

列边·扫马 (Rabban Sauma) 是第一位游历西欧并留下记载的中国旅行家，后来成为著名教士。他是大都人，出身于信奉聂思脱里教的富家，母语是突厥语。

上述几位中国航海家，如亦黑迷失、杨庭璧等人虽数次远航，但所至最远不过印度南端之西海岸。实际上，元朝航海远远超过此范围。从波斯湾到泉州的海路除了官方使节以外，利用最多的是广东、福建民间的中国海商和西域的回人海商，《大德南海志》所罗列的前来贾贩的国度中，就有波斯湾诸地。

（二）元朝中外旅行家 ❶

在元朝，往来于东西方海道上而又留下了记录的，除马可·波罗外，还有四位著名的旅行家。第一位是中国人汪大渊（活动年代在 14 世纪上半叶），他写下了《岛夷志略》；第二位是摩洛哥人伊本·白图泰 (1304~1377 年)，留有《白图泰游记》；第三位是意大利教士鄂多立克 (1286~1331 年)，留有《鄂多立克东游录》；第四位也是意大利教士马黎诺里（活动年代在 14 世纪上半叶），著有《奉使东方追想记》。依据这些资料，我们略可考知他们的旅行事迹的一斑。

1. 中国旅行家

元朝著名航海家汪大渊，字焕章，江西南昌人，生卒年月不详，至顺元年 (1330 年)，年仅二十岁的汪大渊搭泉州远洋商船出海，到元统二年 (1334 年) 返回泉州，元惠宗至元三年（1337 年），汪大渊第二次从泉州出航，游历南洋群岛，印度洋西面的阿拉伯海、波斯湾、红海、地中海、莫桑比克海峡及澳大利亚各地，两年后才返回泉州。汪大渊远航回国后，着手编写《岛夷志》，后来汪大渊将《岛夷志》节录成《岛夷志略》，在南昌印行，这本书才得以广为流传，该书被今人评为影响中国的 100 本书。《岛夷志略》涉及国家和地区达 220 余个，对研究元朝中西交通和海道诸国历史、地理有重要参考价值，引起世界重视，被译成多种文字流传，公认其对世界历史、地理的伟大贡献，西文学者称汪大渊为"东方的马可·波罗"，书中详细记载了所到国家和地区的风土人情、物产、贸易。

2. 外国旅行家

元朝中西往来活动的高峰，当推马可·波罗 (1254~1324 年) 的访华，马可·波罗是意大利威尼斯人。1271 年，他跟随父亲和叔父踏上前往东方的道路，他们沿丝绸古道，经过三年半跋涉，终于在 1275 年到达开平 (元上都)。马可·波罗在忽必烈宫廷中受到信任，并在中国居留 17 年，足迹遍及大江南北和长城内外。1291 年，马可·波罗奉命护送蒙古公主阔阔真远嫁波斯，并最终乘船返回故乡威尼斯。后来，马可·波罗在战争中被俘，在监狱里把自己的东方见闻口述给难友听，经难友将马可·波罗的口述整理成书，这才

---

❶ 汶江. 古代中国与亚非地区的海上交通［M］. 成都：四川省社会科学院出版社，1989.

成就了闻名名于世的《马可·波罗游记》，所叙述的中国富庶繁荣与文化昌明的情况，在欧洲引起了轰动。

鄂多立克为意大利弗留利人，他于 1318 年开始东游，1321 年抵达西印度，然后从斯里兰卡的科伦坡坐上中国船经马六甲海峡、越南中部到达广州；再经泉州、福州，越仙霞岭到杭州，转南京赴扬州，沿大运河北上到达北京。他在北京逗留了 3 年之后，于 1328 年取道陆路，经我国陕西、四川、西藏，过中亚、伊朗而重返意大利。1330 年，在意大利帕多瓦的圣安东尼教堂由教士威廉记下了他口述的游历经过，即今天我们看到的《鄂多立克东游录》。鄂多立克的游记比起马可·波罗和伊本·白图泰的记载来说，要简略得多，但他关于广东人嗜吃蛇肉、元朝的驿站制度、元帝宫殿的巍峨壮丽、杭州富贵人家庭的奢侈以及西藏的天葬风俗等的记载，无疑是正确而且饶有兴趣的。我们从马可·波罗、伊本·白图泰以及鄂多立克等人对于中国船舶的印象深刻、不胜赞叹的记载中，也可以明白当时中国帆船之所以能独步印度洋上，的确绝非偶然。

第四节　元朝的海外文化交流

一、元朝与高丽、日本的文化交流 ●

（一）元朝与高丽的文化交流

中朝文化交流密切而频繁，高丽发明金属活字，是中朝文化交流的一大硕果，也是两国文化交流的又一佳话；1313 年，高丽忠宣王王璋将王位让给次子王焘即忠肃王，王璋是元世祖忽必烈的外孙，曾长期在大都；王璋好贤嫉恶，以儒家的王道仁政为理念，常与儒士讨论前古兴亡，君臣得失，尤喜大宋故事；王璋在位时，对高丽的弊政曾有所纠正。1314 年，元仁宗赠给高丽书籍 4371 册，共计 17000 卷，都是原宋朝秘阁的藏书，元朝廷与高丽友好，文化交流因而也很密切，程朱理学从元朝传入高丽，理学传入高丽，对高丽的学术及政局的发展都产生过较大的影响；棉花种植也自元传入高丽，至 1367 年，劝令乡里种植棉花。

● 陈玉龙，等.汉文化论纲［M］.北京：北京大学出版社，1993.

（二）元日文化交流

元日之间有过两次大规模的战争，并都以元朝的失败而告终，所以元日关系上有些阴影，甚至关系紧张，过去作为中日间文化交流的僧侣们也望而却步，互不往来。仅有零星的日本商人来元贸易，但总的来说，处于停滞状态。元朝派遣使者赴日，一方面是肩负外交使命而去的，还有是应日本方面的邀请而赴日，也有一种是为躲避战乱而去的。在中日禅僧互相来往的影响与作用下，日本的禅宗在一切制度方面都模仿中国，日本佛教又仿效中国禅寺之例，幕府之所以特别提倡禅宗，对其他宗派则不闻不问，主要就是看中了可以通过禅宗输入中国文化，日本的僧人还从元朝带回若干部元朝版《大藏经》，这为日本研究佛教经典提供了方便条件，还带回其他种类有关禅籍，他们又把禅僧所写的诗文集以及中国诗人、文人所写的诗文集带回，而且往往加以复刻，使之在日本广泛流传，中国文化对日本生活方式的浸润和影响是方方面面的。

元代中日关系确实有与其他朝代不同之处。众所周知，最主要是在元代中日之间有过两次大规模的战争，根据史籍记载：这两次战役后第一个日本僧人来元，是在 1296 年。而比较大规模来中国，是在 1298 年，战后元朝派遣第一个使僧一山一宁赴日以后，实际上是进入 14 世纪以后的事。这在一定程度上与赴日的元朝著名禅师们在渡日后所产生的影响有关。渡日的元僧都是禅僧 (主要是临济宗，少数是曹洞宗)。按其渡日的原因，分三种类型。一是奉元朝朝廷派遣，肩负外交使命而去的，如一山一宁。再一种是应日本方面的邀请而赴日的如清拙正澄、明极楚俊等。还有一种是为躲避战乱而去，他们虽然人数不算多 (据木宫泰彦氏统计，史籍留有确切名姓者共 13 人)，但由于在元朝就是著名的高僧，到日本后历住镰仓、京都五山名刹，深受武家、朝廷的皈依，因而发挥了较大的影响。

例如，一山一宁 (1247~1317 年) 去日本前曾为普陀山住持，元成宗曾赐第以妙慈弘济大师封号。在第二次对日战争 ("弘安之役") 失败之后，元成宗为了促使日本朝贡，知道日本是崇佛的国家，特派一山一宁为使节去日本。初到日本时，因其是 "敌国" 的使节，曾被软禁。后因他是著名高僧，迎为建长寺、圆觉寺、南禅寺住持，深受后宇多上皇、幕府执权北条贞时的皈依。他先后在京都、镰仓张法筵共 20 年，受朝野上下之笃信。他所住之处，常有缙绅士庶随喜，门庭若市。他死后，上皇赠以"国师"称号，并用"宋地万人杰，我朝一国师"的诗句来赞颂他。他是经过两次元日战争之后去日本的第一位使者。由于他声望卓著，不但逢凶化吉，而且深受朝野上下之尊崇。结果，为此后中日僧俗人等恢复来往，继续南宋末年日本摄取中国文化的态势起了继往开来的作用。由此可以看出，长期以来中日文化交流所形成的共同文化基础的巨大力量。一山一宁不仅是元代中日文化交流的继往开来者，而且也是身体力行者。佛教方面，在他去日本之前，日本禅宗的传播主要在武家提倡之下，地域以镰仓周围为主，即所谓"武家禅"；京都则由于天台教徒的干扰与反对，尚未得到发展。他去日之初，主要应邀历住镰仓的建长寺、圆觉寺等禅宗的老根据地。后来，1312 年京都南禅寺住持出缺，后宇多上皇特降敕书，邀他到京都任南禅寺第三世住持。此后，上皇常入山问道，朝廷公卿多随之，致使日本的禅风颇有从镰仓的"武家禅"向京都的"朝廷禅"扩大发展的趋势。出于他门下的禅僧甚多，如雪村友梅、龙山德见、梦窗疏石、虎关师炼等，后来都成为五山禅林的代表人物。

在去日本的元僧们的影响之下，日本许多僧人从 13 世纪末至 14 世纪 70 年代元末 (1368 年) 为止，据木宫泰彦的统计，共达 220 多人，有时竟至数十人一起联袂渡海。他们入元的主要原因，大多是在日本时就直接或间接受到来日的元僧们的影响或教诲，对元代中国禅宗抱有无限憧憬，于是渡海入元，历访中国著名禅林，参禅修道，艺业大进。迨继承名僧的法统回国后，往往充当京都、镰仓的名山巨刹的住持，或为其开山，受武士或朝廷贵族的皈依，发展其禅门宗派。也有的为了想体验江南禅林的生活特别是领略江南山川风物之美，以提高文学修养的水平。当然，作为客观后果，他们也会把元代中国文化各领域的成果带回日本。

日本的入元僧还从元朝带回若干部元版《大藏经》。其中，最著名的是现收藏在增上寺的 1277~1290 年刻印的杭州路余杭县南山大普宁寺版的《大藏经》。它是由以杭州为中心的各宗僧侣们共同校勘，由浙江省北部及江苏省东南部一带僧俗人等捐资刻成的。它曾参考了北宋的福州东禅寺版、开元寺版、南宋的思溪版等。今天的京都南禅寺、大慈寺、东福寺等处的《大藏经》，版本不尽相同。总的看来，收藏在今天京都、奈良等地大寺院的宋版或元版《大藏第经》估计有十部以上。这些宋、元版《大藏经》输入，必然为日本研究佛教经典提供了方便条件，也必然会刺激日本出版事业的发展。例如，从日本北朝的贞和 (1345~1350 年)、观应 (1350~1352 年) 年间，史籍中不断有为《一切经》出版成功而提升官吏的记载，即为明显例证。

日本的入元僧不仅带回《大藏经》等佛教经典，也同时带回其他种类有关禅籍。例如，他们往往带回他们师僧的《语录》、《年谱》，僧传《景德传灯录》《五灯会元》等。与此同时，他们又把禅僧所写的诗文集以及中国诗人、文人所写的诗文集带回。他们不但带回日本，而且往往加以复刻使之在日本广泛流传。

由于镰仓、京都的五山僧众的努力，再加上得到武家、朝廷在财力上的支持，日本入元僧的多方指导和募化支援，使得禅宗的"五山版"在日本的战国时海外文化交流 (元末明初) 大为兴隆。其中，除了上述这些人的功劳之外，还要归功于中国赴日本的元朝雕刻工匠的努力。他们大多是在元末为躲避战乱，或因战乱而颠沛流离失业到日本的。其中，较著名的如俞良甫、陈孟荣等，至少有 30 余人。他们辛勤雕刻，大部分刻版出自他们之手，为日本文化的发展作出了贡献。中国禅籍在日本的重刻出版，"五山版"的兴隆，给日本佛教、汉诗文等以多方面的影响。

二、元朝中西往来与文化交流 ❶

元朝发达的中外交通为东西方之间的文化交流创造了极好的条件，许多中国人随元朝远征军移居海外，他们把中国的文化带到遥远的异域，高度发达的航海技术使中外贸易急速增长，大量西域人在元朝为宦、经商、传教、游历，他们中许多人在中国落地生根定居下来，带来了异域奇物和文明。

（一）火药的传播

火药很早就传到海外，元朝出口真腊 (今柬埔寨) 的商品中有硫黄、焰硝等制造火药的原料，火药不仅传到东南亚，也传到遥远的西方，西方诸国不但进口中国火药成品，也学会按配方自制火药，大约在 13 世纪中叶阿拉伯人开始自制火药，制造火药的硝是中国重要的出口产品，阿拉伯、波斯诸国制造火药的主要原料之一的硝最初是从中国进口的。

---

❶ 刘迎胜.丝路文化·海上卷 [M].杭州：浙江人民出版社，1995.

（二）中国陶瓷文化的外播

早在唐朝中后期，中国的陶瓷器已经开始远销西亚和北非。在埃及首都开罗城内的富士达特遗址是古代海外著名的陶瓷发现地，陶瓷碎片的数量在60万~70万片以上，据日本学者小山富士夫和三上次男统计，发现制作非常精良的中国陶瓷约12000片，富士达特出土的同一时代的越窑瓷、黄褐釉瓷的碗内饰以各种花纹，还有少量的偻空制品，均为精品。青花瓷器从元末开始流行，但当时产量尚不大。据日本学者小山富士估计，当今世界上现存的完整的元朝青花瓷器只有200件左右，而富士达特发现的元青花器残片就有数百片之多。日本学者认为，这是当时埃及的富裕程度、进口规模远远超过日本和其他地方的反映。❶伊拉克是中国陶瓷器在西亚的主要销售地之一，宋元时代，中国瓷器仍然源源不断地被贩运到这里，有唐三彩式的碗、盘、绿釉和黄釉的瓷壶碎片；白瓷、青瓷片等，巴格达东南处的阿比尔塔，考古学家也发现了9~10世纪制作的褐色越窑瓷和华南白瓷残片。❶在叙利亚，也发掘到元朝白瓷、青花瓷、青瓷碎片，中央贴花的元朝龙泉窑青瓷残片。汪大渊在《岛夷志略》中曾提到，"青白花瓷"是天方所需的中国商品，另外，阿拉伯半岛南端的也门、阿曼的许多地方都出土过中国瓷片。伊朗东部呼罗珊地区自古与中国关系密切。1936年、1937年、1939年，美国纽约大都会博物馆三次发掘伊朗内沙布尔古城发现大量唐宋瓷器与残件，其中有唐代广东窑白瓷钵，碗残件。❷陶瓷器是最受西亚、北非人民欢迎的中国商品，中国陶瓷器火候高，质地坚硬，花色品种多，造型优美，色彩柔和美丽，能够用上中国陶瓷器的只是少数豪富之家，当地陶工按中国式样的釉色仿制的陶器，其火候很低，只是一种软陶，质地虽然远不能与中国陶相比，但却受那些用不起真正中国陶器的人家欢迎，中国陶瓷的大量出口改变了西亚、北非的社会审美观，以致社会上流行的器皿审美观以是否与中国式样相近为准。

（三）制糖技术的交流

元朝制白砂糖最重要的地方是福建泉州的永春（Unguent）。西亚的制取白

---

❶ （日）三上次男.陶瓷之路［M］.李锡经，高喜美，译.北京：文物出版社，1984.

❷ 沈福伟.中西文化交流史［M］.上海：上海人民出版社，1985.

砂糖技术在泉州落地生根后迅速发展，中国出产的蔗糖，质量非常好，生产的白糖不但能满足国内市场的需求，而且出口海外；中国的白糖出口印度以后，深受当地富人喜爱，冰糖生产技术为中国首创。至宋时，外国尚无冰糖，冰糖是元朝中国主要的出口商品之一，且已经出口到印度。

第五节　元朝的海洋信仰与海洋文学

元朝妈祖信仰已经进入高峰时期，七次赐封"天妃"，这是元朝政权出于保护漕运的经济需要，祈求神女对元朝生命线海运的庇佑，封号为"天妃"，褒封的规格有"质的飞跃"；❶ 祈风与祭海，都是为了祈求风平浪静和航海安全，一般由市舶司主持祭祀，到了元朝，只祭海神天妃，不再祈风，元朝由于舟师远征海外和大规模海漕运粮，便把顺济圣妃尊为保佑航海的神灵，凡属于航海平安的祝愿，皆祈祷圣妃庇佑；后来逐渐把祈风、祭海的仪式都奉祀于圣妃一身，标志着到了元朝中国航海界有了自己的护法女神，后信奉者日增，影响不断扩大，元朝廷也不断提高女神的封号，尊号由"护国"到"广佑"，以示四海之内皆受其庇护之意，并把每年对天妃的祭祀列为国家正式祀典；在航海者尚不能全面征服海洋的条件下，航海护法女神则能增强航海者敢于冒险的自信心，是战胜惊涛骇浪的朴素精神支柱，同时，海神祭祀仪式日益隆重，也反映了当时航海贸易的繁荣。❷

一、元朝的妈祖信仰与祈风祭海

（一）元时期的妈祖信仰与传播❸

妈祖信仰，历经千年，由莆仙和福建沿海的地方性民间乡土神升格为全国性的航海保护神，进而过海越洋，远传海外，成为闪耀着中华传统文化光辉的世界宗教现象。综观妈祖信仰传播的历史流程，虽偶呈潮汐式的涨落曲线，但整体趋势是由陆出海、由近及远曲折前进。其传播历程可相对分为三

---

❶ 陈国强.妈祖信仰与祖庙［M］.福州：福建教育出版社，1990.

❷ 彭德清.中国航海史（古代航海史）［M］.北京：人民交通出版社，1988.

❸ 李玉昆.妈祖信仰在北方港的传播［J］.海交史研究，1994（2）；曲金良.中国海洋文化史长编（宋元卷）［M］.青岛：中国海洋大学出版社，2013.

个时期,出现过四次高潮:两宋的发源普及期,在莆仙范围内出现第一次高潮;元明时的拓展、远播期,在全国范围内出现了第二次高潮;清代以来的鼎盛、升华期,在我国台湾海峡两岸和全球范围内出现了第三、第四两次高潮。对此,我国台湾地区多位学者已有深入研究和精辟论述。宋代莆田县内传播中心的数度兴废转移,元代的显赫累封、尊奉有加,明代的远拓海外、振微起衰,都留下了不少幽微曲折的史实事理,值得后人研究。追踪其传播轨迹,探寻其消长规律,揭示其与彼时彼地的社会经济、政治和文化背景的互动关系,对于认识妈祖信仰中所体现的经济基础与上层建筑之间的关系很有意义。

元代政权出于保护漕运的经济需要,首封天妃,在全国范围内掀起妈祖信仰传播的第二次高峰。元代妈祖信仰的传播,进入一个空前繁荣的拓展期,其特点是朝廷为祈求神女对王朝生命线海运的庇佑,首次把封号提高到当时至高无上的"天妃"。"褒封的规格有质的飞跃",❶从而将妈祖在宋代与诸多海神等同的地位突出到统御全部海神的最高地位。

元代七次赐封"天妃",其中四次最重要制封,其经济、政治大背景都与泉州海外贸易的空前发展、市舶司的相应建立、行政建制的提升息息相关,兹分述如下。

1. 首次加封,应上溯到至元十五年

《元史》卷十《世祖纪》载:"至元十五年八月乙丑,制封泉州神女号护国明著灵惠协正善庆显济天妃。"对此史料,论者或有异议,认为首封字数即达 12 字之多,有悖宋代每封仅加两字的规定,疑"十五年"乃"十八年"之误。窃以为,正史明文确凿,干支日月分明。下笔简要,与十八年册封诏书之文雅从容,遏然有别,不容混淆。且元代异族入主,新朝初立,有意不遵旧制,以示新朝新法,是常有的历史现象。再考查加封的历史背景。先是,至元十四年 (1277 年),新朝重新在上海、泉州、庆元、浦建立四个全国性的市舶司;又至元十五年诏令蒲寿庚"招谕番人来市"。❷同年,又升泉州为泉州路总管府,辖诸州。❷以上三则背景资料表明,元朝对在海外贸易中具有特殊地位的泉州格外重视,多方优惠对待,目的当然是借"天妃"的威灵来稳定政权,加强漕运,发展海外贸易,增加财政收入,对"泉州神女"寄意甚殷。

---

❶ 陈国强. 妈祖信仰与祖庙［M］. 福州:福建教育出版社,1990.

❷ 《泉州府志·卷三》.

2. 第二次加封是大家熟知的至元十八年

当时的历史背景是：至元十七年 (1280 年) 五月，福建行省移泉州，又一次提高了泉州行政建制的规格。《元史》卷十一又载：“至元十八年九月，商贾市舶货物已经泉州抽分者，诸处贸易止令输税益。”避免重复抽税的措施，与十四年的“招谕番人来市”是一脉相承的，都是为了鼓励番商来泉州港贸易。这表明泉州市舶司已升格为相当于中国总海关的地位，为其他三市舶司所不及。所以，十八年的册封是一连串保护海道、发展海上贸易、加强海运的举措中重要的一环，兹录册封诏书如下：

元世祖十八年，封护国明著天妃。诏曰：朕恭承天休，奄有四海…惟尔有神，保护海道，恃神为命。威灵赫濯，应验昭彰。自混一以来，未遑封爵。有司奏请，礼亦宜之。今遣正奉大夫宣慰使左副都元师兼福建道市舶司提举蒲师文，册封尔为护国明著天妃。❶

诏书突出盛赞海道险恶，恃神为命。对此，治运的组织机构——福建道市舶司及其负责人蒲师文 (即“有司”) 体会最深切。身负皇命，由他奏请加封，是顺理成章的分内职事。册封“天妃”、在妈祖传播史上是一个重大转折点，它标志着长期困扰妈祖传播的第一对矛盾的彻底解决，从而为在全国范围内掀起新的一轮传播热潮奠定了皇权加神权的基础。蒲师文既是奏请人，又是册封钦差大臣，是矛盾得以解决的关键人物，足见泉州港、泉州和泉州人在妈祖信仰传播拓展期的贡献与初期传播中莆田祖庙、莆田人士的贡献同样都是不可磨灭的。

3. 第三次加封是大德三年 (1299 年)

《元史》卷二十《成宗本纪》载：“加封泉州海神曰护国庇民明著天妃。”此次加封的背景是大德元年 (1297 年)“置宋福建平海行中书省，泉州为治所辖诸州”。❷ 这是行政建制完上的第三次提升。本次加封的特点是在至元十五年制封“泉州神女”基础上加封“泉州海神”。

4. 第四次加封是天历二年 (1329 年) 敕令大祭天下 15 庙的盛举

“岁运江南粟以实京师”是元朝保证京师粮食供应、稳定局势的重大政治经济决策，漕运成为元朝的生命线。虞集《送词天妃两使者序》中云：“…

---

❶ 《天妃显圣录》. 转引自蒋维锁. 妈祖文献资料［M］. 福州：福建人民出版社，1990.

❷ 乾隆《泉州府志》.

于令五十年，运积至数百万石以为常。京师官府众多，吏民游食者至不可算数，而食有余，价常平者，海运之力也。"而海运凶险难测，"舟出洋已有告败者……覆溺者众"。天历二年 (1329 年)，损失达 70 万石。为维护其经济命脉畅通，最高统治者派遣官至集贤直学士兼国子祭酒经筵官的宋本等二人为"天使"，专程奉诏南下向为匡扶国家海运作出重大贡献的天妃祭祀致谢。致祭路线是逆着僧运航线自北而南，从海运终点天津直沽起，至清运出海口泉州压轴，十分慎重。致祭各点也经精心选择，有转运要冲淮安，有仓储重镇太仓之外港昆山，有财粮聚集"天藩"杭州。莆田白湖庙也在被选之列 (列称为"广人事妃，无异于莆"的广东却一城未选)。专使奉有一篇总致祭的皇家"加封徽烈诏"，诏曰"……河山永固，在国尤资转运之功"，盛赞妈祖"屡救吾民之厄""常全蕃舶之危"和"御大灾、捍大患"的功德。然后，针对天下 15 庙的各自特点，以专使语气撰写各庙的祭文，最重要的是最后两站：降生地湄洲庙和漕运出海口泉州庙。

（二）元代的祈风与祭海❶

祈风与祭海，都是为了祈求风顺浪静航海安全，惯例由市舶司主持祭祀。宋代的泉州市舶司是在九日山祈风，在真武庙祭海。到了元代，便只祭海神天妃，不再祈风。天妃，名林默，福建莆田湄州屿人，据说生于北宋建隆元年 (960 年)，卒于雍熙四年 (987 年)。当地传说林默生而神异，力能拯人于难，死后升化为神，专救舟航危急，庇佑海船安渡大海。以后，船民便在莆田湄州屿林家故宅建立了圣塾，将她祀为海神。宣和四年路允迪奉使高丽时，在海上遇风，沉没其七，唯路允迪所乘之船，祈祷神护，幸得安全。回航后，请于朝廷敕赐庙额为"顺济庙"❷后又在泉州、仙游和杭州相继建庙祭祀。

到了元代，由于舟师远征海外和大规模海漕运粮，便把顺济圣妃尊为保佑航海的神灵，凡属于航海平安的祝愿，皆祈祷圣妃庇佑。后来逐渐把祈风、祭海的仪式都奉祀于圣妃一身，标志着到了元代中国航海界有了自己的护法女神。以后信奉者日增，影响不断扩大，元朝廷也不断提高女神的封号。至元十五年 (1278 年)，敕女神封号为"护国明著惠协正善庆显济天妃"，❸这

---

❶ 彭德清 . 中国航海史（古代航海史）［M］. 北京：人民交通出版社，1988.

❷《四明续志》，《天妃庙祀记》.

❸《元史·世祖本纪》.

是林默被封为天妃之始。后改封为"广佑明著天妃"，尊号中的"护国"二字，扩大为"广佑"以示四海之内皆受其庇护之意，并把每年对天妃的祭祀列为国家正式祀典。按元朝礼制所定，凡名山大川忠臣义士被列入祭祀者，均由所在地方官主持典礼。唯有天妃，"在直沽、周泾、泉、福、兴化等处皆有庙"，由皇帝"岁遣使赍香遍祭"。天后是由从事航海活动的人们创造出来的一个海上护法神，天后女神的传说反映了中国封建社会后期航海事业大发展的状况。第一，当时的科学知识远不如今天，在航海者尚不能全面征服海洋的条件下，天后这位航海护法女神则能增强航海者敢于冒险的自信心，是战胜惊涛骇浪的朴素精神支柱。第二，林默由局限于湄州屿圣墪女神而至圣妃、天妃、天后，称号与日逐加隆崇，象征着自元代以来中国航海事业的日益繁荣。第三，天后宫遍及全国各通商口岸且庙貌日渐辉煌，而其海神祭祀仪式日益隆重，正反映着航海贸易的繁荣，天后宫庙宇则演变成国内外海商交流航海信息和进行商务组合与互助的交易场所。

二、元朝时期的海洋文学 ●

元代的海洋文学，最突出的是戏剧的发展繁荣。在元曲中的涉海戏曲里，我们不能不提到著名的海洋神话剧《张生煮海》。而且很有意思的是，元杂剧的著名剧作家尚仲贤和李好古，两人居然都写过《张生煮海》，可见张生煮海的故事具有多么大的吸引力。今存本《张生煮海》是题李好古为作者。

《张生煮海》剧的全题是《沙门岛张生煮海》。沙门岛，自然在海中；作为神话剧，自然在仙山蓬莱附近，实际上也恰恰是这样。古登州蓬莱附近的海中，的确有个沙门岛，而且自古有名。《宋史·刑法志》记载，宋初的"犯死获贷者，多配隶登州沙门岛及通州海岛"；《水浒传》里奸相蔡京也对其下属嚷嚷，你们若给我捕获不到劫取生辰纲的人，就罚你们"去沙门岛走一遭"。宋代诗词文大家苏轼曾经在密州、登州做过官，对海滨海岛多有游历，其《北海十二石记》所写，就包括了对沙门岛的描述："登州下临大海，目力所及，沙门岛、鼍矶、车牛、大竹、小竹凡五岛，唯沙门最近，兀然焦枯，其余紫翠咚绝，出没涛中，真神仙所宅也。"●"兀然焦枯"，是

● 王庆云.中国古代海洋文学历史发展的轨迹［J］.青岛海洋大学学报，1999（4）.

●《苏轼文集》卷十二.

否就是人们想象出"煮海"的"依据"？这自然难以考得确切，我们暂不管它，反正人们对它充满了兴趣。有意思的是，我们注意到《元诗选》里有宋无的一首《沙门岛》诗，《元诗纪事》里还有宋无的《鲸背吟·沙门岛》一词，看来这位苏州人氏宋无对沙门岛情有独钟。而值得指出的是，作为戏剧，宋代已经有《张生煮海》院本了，只可惜剧本无存，我们无从具体得知其面貌。

元杂剧《张生煮海》的大体情节大略为：青年书生张羽自幼习读诗书，无奈功名不遂，一天，他带着家童到东海边游玩，来到一座古寺，名石佛寺，喜爱其幽雅环境，便向长老借居一室，以温习经史。天色渐晚，便让家童拿出一张琴抚奏起来。这时，恰巧东海龙王的三女儿琼莲也到海边散心，闻琴心动，便和侍女循着琴声来到石佛寺，见张生道貌仙丰，顿生爱恋之意；张生也发现了琼莲的到来，二人一见钟情，遂私定终身，并约定八月十五日中秋节成亲。二人道别后，张生等不到中秋，一直想及早再见到琼莲，便来到海边寻找，遇到仙姑毛女，知琼莲乃东海龙王的女儿，想那东海龙王生性暴戾，怎肯嫁女给他一介书生，不禁伤悲起来。仙姑见状，心生同情，愿成全张生与龙女的好事，便授予张生三件法宝：一只银锅、一文金钱、一把铁勺，并授其方法：用铁勺将海水舀进银锅，将金钱放进水内，然后将锅内海水煮煎，锅内海水煎去一分，海中水深便减去十丈，煎去二分，海中水深便会减去二十丈。如此煎煮下去，东海龙王肯定会无法生存，因而肯定会向张生求救，张生以其允诺嫁女为条件，他肯定答应。于是，张生沙门岛架锅煮海，锅内海水滚沸。浩瀚韵海水随之翻滚沸腾，眼见渐少，东海龙王大惊失色，忙请长老调停求情。张生未得龙王允诺嫁女，哪肯罢休？最后龙王只得答应嫁女给张生，张生这才罢煮。由长老引路，来到东海龙宫，洞房花烛，成了东海龙王的东床快婿。这时，东华上仙来到龙宫，告知张生龙女原是天上瑶池边的金童玉女，因互相爱慕而一个被贬脱胎于凡间，一个被贬脱胎于水界，现宿怨已偿，应还瑶池天上。于是，这对新婚冤家便被带回了上天。

一是张生莺莺式的一见钟情，一是为婚姻自由向封建势力的争斗，一是大获全胜后证以仙缘，这其中的喜剧、悲剧意义全有，适应了中国人对传统艺术的审美鉴赏习惯。而将大海作为展示这种浪漫审美理想的舞台，天地便更加广阔了许多。人间一海底一天上，一人一龙一神仙。

顺便在此提及的是，写凡人与龙女恋爱的，还有出于唐传奇《柳毅转》的元杂剧《柳毅传书》，只是《柳毅传书》中柳毅为之传书的不是海龙王之女，而是洞庭湖龙王之女罢了。其实考究起来，为龙女传书的故事，也有说是为海龙女的。唐《广异记》里的三卫（警卫官名）故事就是给海龙王之女传书（见《太平广记》卷三百），这两出元杂剧都很有影响。十分有意思的是，到了清初大戏剧家李渔那里他便将这两出杂剧故事给"有机"地合二为一了，名《蜃中楼》：洞庭龙王前往东海为其兄东海龙王祝寿，其女舜华与父亲同往，在东海龙宫里见到了堂妹、东海龙王之女琼华，姐妹二人感于龙宫的寂寞，欲往东海边游玩，东海龙王便想了一个既不让她们接触凡间又可遂了二龙女心愿的"万全之策"，即命虾兵蟹将嘘气吐涎，在海上结成一座海市蜃楼，供二姐妹上去游玩便是。结果，因张生、柳毅、舜华、琼华原都是仙人，二姐妹到了蜃楼之后，大罗仙子巧为安排，将手杖化作一座仙桥，并经几番周折，遂使得张生与琼华、柳毅与舜华两对有情人终成眷属。这一故事到了明代，仍有小说铺衍，如《西湖二集》中的《救金鲤海龙王报德》即是。

元杂剧里还有一出涉海戏很值得一提，那就是《争玉板八仙过沧海》。八仙的故事自然早有，但八仙们过沧海、大闹龙宫的故事却是在元杂剧里得以系统完备的。我们至今普遍地说"八仙过海，各显神通"，大概就来自于此，至少是因受其影响才普及的。

第七章 明清时期及鸦片战争前的海洋发展

　　公元 1368 年，朱元璋建立明朝，逐步统一全国，至崇祯十七年 (1644 年)，明思宗自缢，明亡，结束了明朝达 276 年的统治历史。同年，清军入关称主，是为清顺治元年，从此确立了清朝长达 268 年的统治。整个明清时代，近五个半世纪。自明朝建立至鸦片战争前长达 472 年的中国海洋文化历史，出现了不同于传统的面貌。

　　明清时代，是沿海社会充满新旧交替冲动的时期，也是中国传统的海洋文化经历了几千年的发展积累之后走向大繁荣、大高潮的时期，但也仅是昙花一现，随即又转向大衰退、大失败的时期。所谓大繁荣、大高潮，所谓大衰退、大失败，即是这一时期历史发展的总体趋势与面貌，其间又经历了几度穿插交替。在这一历史时期，我们有可歌可泣的辉煌，又有可悲可叹的屈辱。辉煌源于海洋，来自海上，屈辱同样源于海洋，来自海上。❶

　　明清时期是中国古代海疆发展史上的鼎盛时期。由于沿海方向出现了前所未有的国防危机，明、清两朝在治理和巩固海疆方面均付出了巨大努力，形成了完整的海疆管理和防御体系。但与此同时，在海防危机日益凸显的情况下，狭隘的"侧重陆岸海口要点防御，以打击海盗和走私为宗旨的海防战略"既无法有效地对付大股海盗，又不能抵御西方列强从海上的入侵，国家制海权受到严重威胁，中国古代海疆遇到了最严峻的挑战，明清时期是我国古代海上交通由盛而衰的转变时期。郑和下西洋是明清航海事业的最杰出成就，郑和率领世界一流的远洋船队大规模七下西洋，可以说，郑和下西洋是中国以造船航海技术推进为主的海洋发展、中国沿海社会经济发展和国家政治价值取向的综合产物。郑和七下西洋的盛事，把中国传统造船技术推进到空前的鼎盛时期。

　　明清时期的海洋社会信仰亦丰富多彩，海神族类众多，陆岸与海岛海上的

---

　　❶ 曲金良．中国海洋文化史长编（明清卷）［M］．青岛：中国海洋大学出版社，2012.

祭祀活动丰富而庞杂，已形成了由海洋水体本位神与水族神，海上航行的保护神与海洋渔业、商业的行业神，镇海神与引航神三个系统构成的海洋神灵结构体系，它是古代海客舟子在心中构筑生命安全与获取海洋经济利益的保障系统，它增强了海洋社会内部的凝聚力，强化了海上活动的群体精神，使人们在追逐海洋经济利益时能够鼓足信心与勇气，从而直接维系了海洋社会海内外网络的形成及其凝聚力和向心力的发展，间接促进了海洋经济的发展与繁荣。

明清时期海洋文学艺术的突出成就主要体现在海洋诗歌、小说与杂记中，其中沿海方志中记载收录了丰富的涉海诗、通俗海洋小说故事以及涉海杂记等，构成了这一时期海洋文学艺术的主体内容。此外，海洋生物志、海洋山水画、海洋歌、谚语、成语及故事等均从不同视角丰富了这一时期的海洋文化。总而言之，海洋在明清时期仍是具有"大陆中国"性质的王朝体系下的不重要的附属物，造船、航海和对外贸易依然在学者感兴趣的事物中不占重要位置，海洋和有关海洋的工艺尚无法有力地吸引中国的文人。而且对于官员来说海洋意味着问题而不是机会。官员们注意的焦点集中在保甲和其他登记及控制的技术，要塞、驻防军和沿海管制的海军分队，官办造船厂的管理等方面。中国航海者关于海外各地的扎实的知识，很少能列在经世术中加以讨论，这尚且是就"好官""清官"而言，而对于那些负责海洋相关事务的贪官来说，其主观上希望海洋经济贸易发展，而又客观上败坏、阻碍了海洋经济贸易和海洋社会文化的发展繁荣。❶ 然而，中国的海洋文化尽管有不同于西方海洋文化的特色和特质，但毕竟同样是海洋文化，其发展由其内在的、天然的开放性、拓展性、国际性和交流性品质与内涵所决定，是谁也难以彻底阻挡扼杀得了的。因此，明清时代的中国海洋文化仍然在艰难顽强中得到了丰富和发展，并全面地影响了世界，伴随着中国海洋发展的自身的历史弊端，迈入了中国海洋文化由古代走向近现代的转型期，同时也为我们今天留下了一笔宝贵的灿烂遗产。

第一节　明清时期对海疆管辖和开发的特征 ❷

明朝和清前期是中国古代海疆发展历史上的鼎盛时期，也是中国古代

---

❶ （美）费正清. 剑桥中华民国史（上）［M］. 北京：中国社会科学出版社，1998.

❷ 张炜，方堃. 中国海疆通史［M］. 郑州：中州古籍出版社，2003.

海疆遇到最严峻挑战的关键时期。作为发展成熟的封建大一统王朝，明、清两朝在治理和巩固海疆方面付出了巨大努力，形成了完整的海疆管理和防御体系，出现了郑和下西洋的世界性航海壮举，也取得了抗击倭寇斗争的巨大胜利和从西方殖民者手中夺回宝岛台湾、澎湖的辉煌战绩。然而，在传统的"重农轻商""重陆轻海"思想的影响下，明、清两朝的海疆政策和海防战略都呈现出浓郁的消极保守色彩，对中国古代海疆的发展具有明显的阻碍作用。

一、经济"北轻南重"与政治"北重南轻"

明、清两朝继承了唐、宋时期业已形成的"南重北轻"的经济格局，而且南方沿海地区经济有了进一步的发展。到了明、清时期，中国粮食主要产区已转移至湖广地区，民间谣谚也一改而为"湖广熟，天下足"了。但获利丰厚的经济作物，如棉花、桑树、甘蔗、果树、花生、茶叶、烟草的种植面积却在东南沿海地区迅速扩大，并且出现了一定程度上的规模经营。丝织、棉布、陶瓷等各种手工业蓬勃发展，并且大都脱离了一家一户、自给自足的农业、手工业兼营的方式，以城镇手工业作坊主雇工集中劳动为主要方式。

由于明、清两朝把都城设在北方（明初曾以南京为都城），其政治重心与经济重心实际上长期处于严重错位的状态。通过京杭大运河或沿海水道将南方粮食源源不断地运到北方，运到京城，供养规模庞大的中央机构官员及其家属，供养庞大的禁军和京畿驻防部队。东南沿海地区商品经济逐渐发展起来之后，急需打开新的市场，为商品经济的更大发展寻求空间。而当时无论是中国传统的海外贸易国——日本、朝鲜、东南亚及印度洋沿岸诸国，还是新兴的欧洲海上强国葡萄牙、西班牙、荷兰、英国等都对中国商品极感兴趣，愿意扩大贸易往来。但明、清统治者却满足于经济上的自我封闭。他们实行"海禁"政策，严令"片板不许下海"，将沿海岛屿上及沿海地区的居民强行迁到内地，对从事海外贸易的民间商人严刑处罚。这些举措对沿海，尤其是东南沿海地区经济发展的负面影响是显而易见的。

明朝中叶，随着倭寇大规模窜犯中国东南沿海，江、浙、闽、粤各省不断发生大规模海盗抢劫和烧杀事件，随着西方殖民主义势力向东方大肆扩张，中国海疆面临严峻挑战。明朝中叶以后"欧罗巴诸国东来，据各岛口岸，建立埠头，流通百货，于是诸岛之物产充溢中华，而闽、广之民造舟涉海，趋之若鹜。"❶西方殖民者还占领了广东的屯门，澳门，浙江的双屿，福建的月港澎湖和台湾等地，来自海上的威胁被凸现出来。明、清封建王朝不得不由主要防范北方游牧民族的袭扰，变为同时要对付来自海上和陆上的双重威胁。当"海禁"令一时难以奏效时，明朝统治者采取了更为严厉的移民政策，将沿海岛屿居民迁徙一空，以加速"海禁"令的贯彻实施。清初同样实行"海禁"政策，对沿海居民生活的影响更加严重，重开"海禁"之后，亦对沿海渔民、船民实行保甲连坐，严格限制他们跨界捕鱼和出国不归，对寄居海外的华人往往视为"叛国"而处以极刑。但对西方殖民者乘虚占据中国沿海岛屿，却大都抱着事不关己的漠然态度，致使澳门、台湾等岛屿轻易被葡萄牙、荷兰殖民者所占据。把正常的商贸往来视为对海外诸国的"恩赐"，为对方带来的"贡品"支付远远高出其价值的"回赐"，使本来就不宽裕的国家财政背上更沉重的包袱。明、清两朝对民间海外贸易的禁绝或严格限制，使相当一部分商人采用非法的走私方式继续从事海外贸易。明、清统治集团中大多数人缺少海洋实践和海上生活经历，对海外各国的情况茫然无知，对中国沿海海域和沿海岛屿漠不关心。直到晚清，仍有一些朝廷大员认为"夫外之人涉重洋而来，志在登陆，非志在海中也。中国恶其来者，恶其登陆耳，非恶其在海中也"，从中地反映出他们习惯以海洋为天然屏障，以陆岸为国家边界，只求得对陆上疆土封闭式的"大一统"管辖的观念。

总之，明、清两朝的多数统治者已丧失宋、元王朝在海疆经营方面的勃勃生气和开拓精神，失去了扩大中华文明对世界各国影响的恢宏气度，也失去了漂洋过海与各国加强交往的兴趣，满足于几千年来一脉相承的自然经济缓慢曲折的发展。如果说，在东、西方山海阻隔，尚未发生直接联系的背景下，这些政策还没有威胁到这个古老的封建王朝的生存，那么等到西方殖民者大举东来，靠着"坚船利炮"打开中国大门时，它的负面影响便立刻显现出来了。

二、明清时期沿海滩涂地开发 ❷

何谓"滩涂地"，不同的地方叫法也不一样。广州一般称为"沙地""沙

---

❶ 徐继畬.《瀛环志略》卷二.

❷ 刘淼.明清沿海荡地开发研究［M］.汕头：汕头大学出版社，1996.

田""潮田"等,而在福建,除上述常见称谓外,又有称为浦峙,步、渚、塪的。综观明清沿海开发文献资料,可知沿海滩涂地开发,分别是由濒海都转运盐使司及盐课提举司、卫所屯军和地方府县三个系统完成的。

(一)盐业滩涂地和沿海屯田的屯种与开发

1. 盐业滩涂地的开发

在传统社会中,盐业是支撑中央集权统治的重要产业部门,盐课收入,从南宋时起,即占全国财政收入的一半。明清时期,朝廷为满足军国之需,对天下盐业统制更为严密。由于海盐生产居当时池盐、井盐、土盐四大类盐产之首,所以最为朝廷所重视。

2. 沿海屯田的屯种与开发

如果在客观上把朝廷在沿海设官制盐看做一种政府的开发活动的话,那么,在沿海地区的卫所屯戍垦种,也应当视为是另一种国家组织开发形式。就屯田而论,明清时期的屯田主要是军屯和民屯两种。从国家组织沿海屯垦的角度看,屯军的屯种垦殖当是主体。

3. 明清时期的移民、垦民、流民

明清时期沿海地区移民属于政治性移民和经济性移民两种类型。前者是国家因海防社会治安、沿海经济因素而采取的强制性移民;而后者虽具有一定的强制性,但其中大部分属于"利益期望"型的自发性移民。

总的来说,明清时期的政策,反对人口的自由迁移,这包括国内各地区间的移民,以及国人向海外移民,至于中国人招引外国人前来中国,更为朝廷所禁。明初朝廷组织的移民,可分为政治性移民和经济性移民两种,移民方向限于国内,大多采取沿海迁移内陆,内陆迁移沿海的双向移民。政治性移民,是为了保证朝廷对沿海地区的控制,防止出现前元张士诚、方国珍等地方割据势力而采取的迁徙富户政策。明初的迁徙富户,大多限于浙江杭州、嘉兴、湖州、松江、温州等地的"江南富户"。清初辽东招民开垦,当属国家组织的经济性移民。由于被召的人民有自己选择的权利,相对于明朝从宽乡向狭乡移民略有不同。

传统中国社会经济是以传统农业生产为"本",土地和劳力是最重要的因素。然而土地是有限的,而土地的收益不好,则难以吸收无限增长的人口。传统手工业和商业,尽管达到相当高的发展程度,但也无法吸纳农业剩余人

口。总之，在传统农业社会条件下，由于荡地开发仍被限定在农业开发的框架内，所以在荡地开发资金构成方面，也表现出强烈的农业色彩。只有进入近代社会后，沿海地区才出现了真正意义上的投资兴垦荡地，为近代工业提供原料及生活必需品。但无论怎么讲，传统的集资开发荡地，为近代沿海工业的发展奠定了物质基础。

（二）　明清时期海洋政策的影响 ❶

从海洋区域经济学的角度出发，沿海荡地的开发高度，取决于政府的海洋政策，以及海洋经济开发与内陆相关地区的经济开发状况。从这个意义上讲，明清时期的中国海洋政策，也是沿海荡地开发的要素之一。从政治、军事乃至经济上的海外贸易利益着眼，封建国家自然难以顾及荡地开发的局部利益。因此，明清时期禁海、迁界时期的海洋政策，对荡地开发的负面影响是主要的；而随着社会安定，军事行动停止而带来的开海、展界政策，则引发了沿海人民荡地开发的高潮。就总体发展趋势而言，由于社会经济的发展、造船技术的进步和航海水平的提高，唐、宋、元以来中国海洋观念呈现出一种有限开放性的特点，尤其是历代统治者在某些经济利益的驱动下，对海外贸易活动的政策取向也采取了鼓励和提倡的态度。然而，我们也应该看到，唐、宋、元时期的海外贸易政策在官方许可范围内所带来的海外贸易的繁盛，并不意味着中国人就此可以自由地走向海洋，也不意味着这种海外贸易的一时繁盛已经铸就了古代海洋时代的辉煌。实际上，唐、宋、元历朝统治者重视或鼓励海外贸易，主要目的还是要利用海外贸易为封建专制统治服务，宋元以后出于经济利益的考虑虽然海外贸易有所加重，但始终还是处于从属的地位。这主要体现在唐朝以稳定的政治和繁荣的经济为基础，应允"四邻夷国"奉贡来朝，目的是为了显示大唐帝国的强大和稳定。宋代极力招徕海外诸国入宋贸易，更多的是出于提高宋王朝政治威信的考虑，即所谓"不惟岁获厚利，兼使外番辐辏中国，亦壮观一事也"这种以政治利益为主导的海外贸易活动，表面上蓬勃兴盛，实质上被牢牢地控制在封建国家政权的股掌之中而缺乏应有的生命力，有限开放的海洋观念到了明朝遂出现了禁海与"开海"这种"海洋迷思"的现象。

---

❶ 黄顺力.海洋迷思——中国海洋观的传统与变迁［M］.南昌：江西高校出版社，1999.

第二节　明清时期的海外交通及其政策

一、明朝的海外交通政策 ❶

明朝是我国古代海上交通由盛而衰的转变时期。这种转变，主要在明朝政府的海外交通政策中，得到了充分的反映。明朝政府的有关政策，与前代相比，有很大的变化。明朝政府海外交通政策的变化是从朱元璋统治时期开始的。总的来说，在建朝之初，朱元璋对于海外交通的态度是积极的，他显然想沿袭宋、元方针。但是，客观情况的变化促使他采取了另一种态度。首先是倭寇的骚扰，倭寇不断侵扰中国沿海地区。明初，倭寇问题更加严重。洪武二年 (1369 年) 三月，朱元璋派使者到日本，"诏谕其国，且诘以入寇之故"，但日本政府置之不理。在此以后，倭寇不仅攻掠山东，而且"转掠温、台、明州旁海民，遂寇福建沿海郡"。洪武十四年 (1381 年)，明朝与日本的关系进一步恶化。朱元璋加强了沿海的战备，在这一年的十月，再一次下令"禁濒海民私通海外诸国"，朱元璋的海禁政策，主要是禁止中国百姓出海。对于外国人由海道来华，他也采取了限制的措施。允许由海道来朝贡的国家，仅限于暹罗、真腊、占城。真腊、占城，在前代便和中国有密切的关系。

洪武三十一(1398年)年闰四月，朱元璋去世。其孙朱允炆嗣位，年号建文。朱允炆在对外关系上完全沿袭朱元璋的政策。建文四年 (1402 年)，朱元璋第四子燕王朱棣夺取了帝位，改元永乐 (1403~1424 年)。朱棣继承了朱元璋的海禁政策，即位之初，便宣布沿海军、民等，近年以来"往往私自下番，交通外国。今后不许。所司以遵洪武事到禁治。"但和朱元璋不同的是，朱棣积极、主动扩大与海外国家的交往，鼓励海外国家来中国朝贡，力求扩大与海外国家的交往。永乐三年 (1405 年) 开始的郑和下西洋事件，正是朱棣所推行的海外政策的必然产物。郑和下西洋是中国和世界历史上罕见的规模巨大的海上活动，但是它并没有改变明朝海外政策的性质。在郑和下西洋的同时，明朝政府仍然严格执行禁民私自下海。

---

❶ 陈高华，陈尚胜 . 中国海外交通史［M］. 中国台湾：台湾文津出版社，1997.

郑和下西洋，先后七次持续了近 30 年，到宣宗宣德八年 (1433 年) 才告结束，明朝政府与海外的大规模和持久的交往，必然刺激民间开展海外贸易的欲望，在得不到官方允许的情况下，沿海地区私贩之风盛行起来。明朝政府的海外交通政策，和宋、元时期比较，有很大的不同。宋、元时期，总的说来，采取的是开放政策，政府鼓励民间商人出海贸易，虽然也有过"禁海"，为期很短。明朝政府却不同，在隆庆改制以前的二百年左右时间 (占明朝统治时间的 2/3 以上) 基本上都实行"海禁"和朝贡贸易的政策，不许民间商人出海，这就导致了私贩的盛行。隆庆改制，开放海禁，民间商人可以出海贸易但措施不善，通过官方轨道出海者有限，走私商船为数更多。如果把"海禁"为主作为明朝海外交通的一个特点的话，那么，走私贸易的盛行可以说是另一个特点。还有一个值得注意的特点，那便是私人海商集团的形成，而且占有很大的势力。

二、清前期海外交通政策的演变 ❶

1644 年，清军入关，从此开始了清王朝对中国的统治。清朝 (1644~1911 年) 是中国海外交通的衰落时期。鸦片战争前，中国帆船不仅停止了与印度洋地区的交往，并且在东南亚地区的活动也逐渐退缩到近邻国家，海外交通的空间已越来越有限，而鸦片战争后的清朝海外交通，更是身不由己。回溯这两个半世纪中国海外交通的衰落，势必会加深国人对中华民族命运的思索。与明王朝相比，鸦片战争前的清朝政府既没有向其他海外国家派遣使团，也没有像明朝政府那样积极开展与海外国家政府之间的朝贡贸易。这除了清朝贵族的传统因素外，清初 20 年的国内统一战争，使得清朝统治者无暇顾及在海外国家中树立"天朝上国"的外交形象。而且，清朝政府对于民间的海外交通政策，也可谓是"一波三折"。

清朝政府于顺治十二年 (1655 年)，"海禁"政策趋于严厉，但由于郑成功控制了东南沿海地区的制海权，并未收到预期效果。于是，自顺治十七年 (1660 年) 起，清朝政府在沿海地区又推行大规模的"迁界"政策，强迫沿海居民向内地迁移 30 ~ 50 里不等，并规定"凡有官员兵民违禁出界贸易，及盖房居住耕种用地者，不论官民，俱以通贼论处斩"。这种严刑峻法，

---

❶ 陈高华，陈尚胜 . 中国海外交通史［M］. 中国台湾：台湾文津出版社，1997.

不但使清朝的海外交通处于停滞状态，而且对于沿海地区的民生也造成了极大的破坏。对待外国商船来华贸易的政策方面，表现出日益严格限制和防范的趋势。

从海外贸易的管理措施看，清朝政府对于国内商民的限制远甚于对外商的限制。清朝政府对于外商来华贸易的限制，主要偏重于贸易以外的活动，如与港口所在地人民以及官员的接触等，而对于贸易本身，除有时间和地点的限制外，并没有根本性的限制。而清朝政府对于国内商民出海贸易的限制，则包括有商船航海能力、载重量、安全防卫水准以及商品经营品种等一系列根本性的限制，由于清朝政府严禁国内商民打造大型出海商船，并对商船式样和材料来源也进行粗暴干涉，使得中国商民在国际贸易竞争中，在造船技术和航海能力上就处于劣势地位；到 18 世纪后期，清前期海外贸易政策所表现出的"抑商"与"怀柔"的两面性实质上反映了它的闭关性质。

三、明清时期的海洋贸易管理制度 ❶

（一）明朝的海洋贸易管理

明朝前期，市舶司作为官方控制海外贸易的一种机构，在设置上虽是承继了前代的做法，明太祖立国之初，为了"通夷情，抑奸商，俾法禁有所施，因以消其衅隙"，在太仓设立市舶司，但不久之后，朝贡贸易制全面实行，前来朝贡的国家增多了，朝贡船舶已不可能全部集中于太仓一港，于是，明政府不得不沿袭前代的做法，在朝贡船舶经常出入的宁波、泉州、广州三地设置市舶司。明成祖即位后，一方面遵循洪武事例，严禁沿海军民私自下海交通外国；另一方面大力招徕海外诸国入明朝贡，规定"诸国有输诚来贡者听"，因此，朝贡人数急剧增多。为了加强对附带货物前来交易的朝贡使者的管理，明成祖于永乐元年 (1403 年) 八月命令吏部按照洪武初制，在浙江、福建、广东复设市舶司，隶属布政司管辖，这次市舶司的复设，明确规定其专管朝贡贸易，接待朝贡使者的主要职责，这在市舶司的职能上是一大转变，即从原来管理互市舶的机构变为管理贡舶的机构。

明朝市舶司是在明朝统治者加强对海外贸易的控制，既厉行海禁又招徕

---

❶ 李金明．明代海外贸易史［M］．北京：中国社会科学出版社，1990.

海外诸国入明朝贡的情况下设置的，它随着海禁的严弛与朝贡贸易的盛衰而几经变迁，置罢无常。明朝前期因厉行海禁，不准私人出海贸易，把海外贸易仅限制在朝贡贸易的狭窄途径上，故为接待朝贡使者转运朝贡物品而设立的市舶司，在制度上比之宋元时代已发生了较大的变化。这种变化使市舶司成为明朝统治者实行海禁、扼杀私人海外贸易、对海外贸易实行控制和垄断的工具。

（二）清前期的海洋贸易管理——粤海关

广州的对外通商，有悠久的历史。唐中叶后就有市舶提举司，历宋、元、明三代仍袭其制，其间虽有所增设裁并，沿革不一，但直至清朝，从未间断。久而久之，便逐渐形成了一套较为完整的对外贸易管理方式，这就是后来西方人所称的"广州通商制度"，简称"广州制度"。粤海关的关税制度和十三行的公行及保商制度，是广州制度最重要的内容。

粤海关是清朝政府设于广州，主持对外贸易和征收关税的机构。由于广州的对外贸易在全国居于首位，因此与其他海关相比，它显得特别重要。特别是到了乾隆二十二年(1757年)之后，只准广州一口贸易，在一个长的时期里粤海关几乎成了唯一的对外贸易机构。粤海关设监督一人，由于其地位重要，早在康熙二十四年(1685年)设关初期，便设专职监督，而其他海关都不设专职监督。闽海关由福建将军兼任，浙海关、江海关由浙江巡抚、江苏巡抚兼任，而且粤海关还规定要由满族旗人担任，与宫廷有密切的关系。雍正元年(1723年)曾经撤销监督，把税务交给地方官监收，以便调剂地方钱粮等财政问题。但雍正七年(1729年)以后，又恢复了监督的设置，并且命令地方官协助管理。乾隆十五年(1750年)，再次明确关税由监督征收，但必须会同两广总督题报。粤海关下辖各总口，总口辖各口。粤海关的职责除征收关税之外，还负责执行对外贸易中有关的禁令，以及对外关系的管理等。执行对外贸易禁令，清朝政府在对外贸易方面的禁令，主要是限制和禁止有关商品、人员及货币出口。执行对外关系中的防夷政策。康熙时，海禁初开，外船出入还比较自由，检查亦不算严格。1715年英国东印度公司曾与粤海关监督议定了一种通商条约。❶

---

❶ 顾卫民.广州通商制度与鸦片战争［J］.历史研究，1989（1）：60~61.

第三节　明清时期的航海与造船业

郑和下西洋是明清时代航海与造船业的分水岭。郑和航海的空前盛举，加深扩展了中国与海外各国之间的相互了解，发展了彼此的友谊；对于中国和东、西洋各国的社会经济，起了有益的推动作用；对我国古代近海和远洋航路的发展，作了一个很好的总结。明清时代，南海和印度洋上的"西洋"航路，在郑和下西洋时期有了极大的发展，郑和下西洋之后，航路发展集中于"东洋"海域。郑和七下西洋的盛事把中国传统的航海业、海路开辟和造船技术推进到空前的鼎盛时期。明清两代的海舶类型更加多样，装备更加完善。但多次海禁阻碍了海舶制造的正常进行，自明中期开始，造船业明显由盛而衰，民船制造业在夹缝中求生，漕船与战船等官船的规模亦不及往昔。

一、郑和下西洋 ❶

（一）郑和下西洋的背景

郑和下西洋为明朝对外关系和中西交通史上的一件大事，它不仅是中国海外交通史上重要的里程碑，而且在世界航海史上也占有重要的地位。从明成祖永乐三年(1405年)至明宣宗宣德八年(1433年)的28年间，郑和船队经东南亚、印度洋，最远到达红海与非洲东海岸，遍访30多个国家和地区，所至国家和地方之多，其地理范围之广，所用船舶之大、之多，无论在中国历史上还是在世界历史上，都是没有先例的。郑和使团所创造的这一辉煌的惊世业绩，使中华民族的声望远播于海外，不断地激发起中国人民的爱国热情和民族自豪感。

郑和(1371~1433年)，云南昆阳州(今云南晋宁县)人，回族。本姓马，小名三宝。洪武十五年(1382年)明军攻云南时被俘入宫，后拨在燕王朱棣府中听用。朱棣发动"靖难之役"，抢夺皇位，郑和立下了功劳。永乐二年(1404年)，赐姓郑，始名郑和。永乐三年(1405年)，他以内官监太监的身份，

---

❶ 章巽.中国航海科技史［M］.北京：海洋出版社，1991.

率领将士水手以及其他人员共 27000 余人,乘坐各式海船 200 余艘,首次远航,取得了成功。自此以后,又连续进行了六次远航,直到宣宗宣德八年(1433 年)郑和领导的大规模航海活动才告结束。宋、元时期,人们将我国以南的海洋区分为东、西洋,郑和每次航行,都以西洋为目的地,因此民间习惯称为"郑和下西洋"。

(二) 郑和下西洋的性质

郑和下西洋是明朝初期大力发展海外交通的产物。中国是一个海岸线很长的国家,海域非常辽阔。通过海路交通海外各民族,恢复和建立与亚非诸国的邦交,成为明初外交活动的主要内容。郑和下西洋就是为适应明初发展海外交通的需要,出现于 15 世纪初的历史舞台上的壮举。因此,明朝初期,尤其是永乐大帝朱棣执政期间,明朝政府对海外诸国所奉行的方针政策,决定了郑和下西洋的性质。明王朝是由明太祖朱元璋创立的,但最终使朱明政权得到巩固,得以世袭相传的,则是明成祖朱棣。朱元璋和朱棣针对明初国内外形势,制定了一系列比较明智的对外政策。所不同的是,明成祖"锐意通四夷",向往在临御之年,中国出现一种为前代所未曾有过的天下太平、万国成宾的盛世。因此,与明太祖朱元璋相比,明成祖朱棣更加重视发展与海外诸国的友好关系,相应地在对外方针政策上又有新的突破。郑和下西洋的过程中,忠实地执行了明初对外的方针政策,使之成为指导郑和使团进行广泛的外交活动的基本原则。由于明成祖朱棣在发展与海外诸国的关系上,颇有一番抱负,不像明太祖朱元璋那样多少还有些保守,因此,朱棣在对外关系上实行怀柔政策,比明太祖朱元璋更有气魄。郑和及其随行人员,正是以这种政治上的魄力与策略,在下西洋的数十年中,激流勇进,所向无阻,为实现明初对外的总方针,作出了卓有成效的努力。

(三) 郑和下西洋的过程

郑和七下西洋,前后历时近 30 年之久,又可分为两个历史时期。在每一个历史时期中,郑和下西洋所处的历史背景,其奉使各国的主要目的,所着重要完成的任务,都是各不相同的。

郑和自明成祖朱棣永乐三年(1405 年)第一次奉命下西洋,至明宣宗朱瞻基宣德八年(1433 年)第七次下西洋归来,这七次航海,前三次可划归为郑和下西洋的前期，后四次可归结为郑和下西洋的后期。郑和下西洋的前期，从永乐三年起，至永乐九年(1411年)郑和第三次下西洋回国止。在这一历史时期中，郑和使团的活动范围，不出东南亚和南亚，而主要往来于东南亚各国之间。当时，中国与东南亚、南亚各国之间，东南亚、南亚各国相互之间，都存在着许多矛盾需要解决，所谓"疑惠帝亡海外"的问题，也是客观存在着的。这一系列的矛盾和问题不加以解决，郑和使团不可能超越东南亚和南亚的范围，向着更远大的目标前进。

郑和七下西洋的航路及其联结的中外海上网络非常多，郑和下西洋在航海事业上取得的伟大成就，集前代航海事业之大成，在海上航路方面亦是如此。郑和船队在漫长的远航中，往往穿插进行短暂而距离不等的航行。在郑和下西洋的航路中，有大致不变的航路，也有不时开辟的新航路。新的航路一旦开辟，逐渐就成为船队惯行的航路。郑和下西洋不仅开辟了横渡印度洋直达非洲东海岸的新航路，而且在整个航程中，向着印度洋和南洋沿岸众多的国家和地区，分别开辟了多种多样的新航路。郑和船队近30年的航海活动中，东西线与南北线的航路纵横交错，传统航路与新开辟的航路相互配合，使郑和下西洋的航路显得非常曲折繁复而又机动便利。这与郑和船队每次远航历时久，所到国家和地区众多，以及船队适航能力较强，都有很大的关系。据记载，郑和下西洋主要的航路，仅就重要的出航地点而言，已有20余处，主要航线有42条之多。它沟通和加强了西太平洋和印度洋沿岸各国之间的联系，不仅在航海史上划了一个时代，而且对世界文明的发展也做出了重大的贡献。

(四) 郑和下西洋的历史成就

郑和是世界上率领庞大船队远航的伟大先驱，郑和下西洋在世界航海史上的伟大成就，已为人们所熟知。这里拟着重论述一下郑和下西洋在政治、经济、文化诸方面，对中国历史和世界历史的发展所做出的重要贡献。概括地讲，郑和下西洋在历史上的成就，政治上主要是建立了亚非国家间的和平局势，经济上发展了亚非诸国间的国际贸易，文化方面主要在于向亚非各国敷宣了中国的教化，以及增进了中国人民对亚非国家的认识和了解。

1. 中国主导的亚非国际和平局势的建立

中国与亚非诸国间的传统友谊，源远流长，具有悠久的历史。自秦汉以来，历代王朝对海外国家都奉行"和平共处"的方针。明朝建国之初，洪武

四年 (1371 年) 九月，朱元璋即根据历史经验，告诫省府诸臣说："海外蛮夷之国，有为患于中国者，不可不诛；不为中国患者，不可辄自兴兵。古人有言：'地广非久安之计，民劳乃易乱之源。'"● 明朝政府在处理与海外国家的关系方面，也以此为既定的国策。明朝使者，成为受到海外诸国欢迎的和平使者，而郑和就是其中杰出的代表人物。郑和在下西洋的过程中，为解决东南亚及南亚各国之间的矛盾，为建立亚非国家区域间的和平局势，做出了不懈的努力，获得了很大的成功。郑和使团给各国人民带来福音，理所当然地受到各国人民的热烈欢迎，衷心感激郑和使团为他们创造了国际和平安宁的环境。这说明郑和初下西洋，即很注意各国的宗教信仰问题，当发现有崇祀不宜信奉的"偶像"时，即力劝其放弃旧时的信仰，接受比较纯正的宗教，敬崇比较适宜的教主。郑和这样做，对于平衡各国之间的关系，缓解因为宗教信仰等问题而导致的国与国之间的紧张局势都会起到重要的作用。此外，郑和还通过扶助弱小民族，抑止强暴，促成了各国间和平局势的建立。

2. 中国主导的亚非国际贸易的发展

亚非各国，尤其是南洋国家，物产丰富，具有发展国际贸易的有利条件。郑和下西洋畅通了中国与亚非各国之间的海上"丝瓷之路"，更使中国与亚非国家间的国际贸易事业发展到一个新的阶段。郑和访问亚非诸国，在与各国建立了友好关系之后，即与之进行广泛的贸易活动。在郑和下西洋之时，不仅明朝政府从发展海外贸易中获得很大的经济利益，就是普通老百姓，也多因此致富。

3. 中国文化的海外传播与中国人海外知识的增长

在 15 世纪初期，中国是世界上文明程度较高、文化高度发达的国家。郑和在亚非各国进行访问时，努力宣扬文教，向亚非国家敷宣中国的教化，以提高其文明的程度。

郑和宣教化于海外诸国，正是为实现明初对亚非国家既定的总方针而采取的重要措施。郑和下西洋传播了中国先进的文化教育，为改变海外国家较为落后的"夷习"做出了贡献，符合社会进步的方向，是应该给予肯定的。郑和使团在海洋上活动了近 30 年，既使亚非各国人民增进了对中国的了解，又使中国人民对亚非国家的认识方面大大开阔了眼界，丰富了中国人民对于

● 《明太祖实录》卷六八．

海外的地理知识。中国与亚非国家虽然很早就发生了关系，但没有全面的文字记录，对亚非国家的认识，大都出于传闻。所以，长期以来，中国人民对亚非国家的真实情况，缺乏具体的了解和正确的认识。到了宋元之际，中国对海外许多亚非国家还是可想而不可即，大有望洋兴叹之慨。郑和船队遍历东西洋各国。在郑和使团对所至各地实地进行勘探和调查之后，才把许多未知的海外国家和地方弄清楚了。郑和下西洋在丰富中国人民对海外国家的认识方面，在发展中国的海外交通方面，起了划时代的作用。

郑和下西洋在增进中国人民对亚非诸国的认识与了解方面，所作出的杰出贡献，为世人充分肯定。行程中随从对郑和下西洋所访问的主要国家的位置、沿革、港湾都会、形胜名迹、山川地理形势、气候历法、生产经济与物质资源、商业贸易、政教刑法、人民生活状况、风俗习惯与语言文字，都作了翔实而生动的记述。为后世研究15世纪初亚非诸国的基本状况提供了第一手资料，也为我们研究郑和使团在各国的经历提供了宝贵的原始资料，是珍贵的文化遗产。郑和船队在向非洲东部赤道以南沿海的航行中，曾发现了马达加斯加岛，那儿离好望角已经不远了。1487年，一支葡萄牙舰队在巴托罗缪·迪亚士率领下，从红海南下始到达马达加斯加岛对岸，"发现"了好望角，这比郑和船队要晚70余年。郑和船队首次到达非洲东部沿海诸国，在哥伦布发现"新大陆"(1492年)之前79年，在葡萄牙人发现欧、非、亚三洲航道(1497年)之前84年，标志着当年郑和船队活动范围之广。

（五）郑和下西洋的国内与国际影响

1.郑和在国内的影响

作为中国人民与亚非各国人民历史上友好往来的一桩空前盛举，郑和下西洋的故事，不仅中国赴海外的使节和人员乐于称道，在国内也是广为流传。自明朝起，以郑和下西洋为题材的戏剧和评话，老百姓喜闻乐见，官吏们愿意看喜欢听，就是皇帝也很乐于欣赏。流传至今的明朝以郑和下西洋为题材的剧本有《奉天命三保下西洋》，小说(评话)有罗懋登著《三宝太监西洋记通俗演义》(简称《西洋记》)，明朝后期有关郑和下西洋的戏剧评话、小说、诗词等纷纷问世，自上而下引起共鸣，大受欢迎。郑和下西洋之所以能在国内产生如此深远的影响，首先在于它能激发起中国人民的爱国热忱，鼓舞人们为振兴中华而奋斗，这是为历史经验所证实了的。郑和在国内有许多遗迹和遗物，数百年间，始终为人们所纪念。

特别要指出的是，郑和下西洋在加强祖国大陆与台湾岛的联系方面，在历史上曾发生过重要的影响。郑和不仅是历史上明确记载的由海路从中国到达东非的第一人，也是历史上明确记载的代表祖国中央政府进驻台湾的第一人，在这种意义上，史称郑和使团在下西洋途中进驻台湾相当一段时间，在台湾历史上是一件大事。在郑和之后，大陆人民移居台湾者逐渐增多，为1662年郑成功从荷兰殖民者手中收复台湾，奠定了基础。

2. 郑和在国外的影响

郑和下西洋为亚非国际和平局势的建立，为促进亚非各国人民之间的团结和友谊，为发展中国与亚非诸国之间在政治、经济和文化上的相互交流，都做出了重大的贡献。郑和使团在亚非各国播下了友谊的种子，友谊的花朵开放在亚非人民的心田，历久而不衰败。在郑和下西洋以后的岁月里，一些郑和使团访问过的国家，如渤泥国、真腊国，"凡见唐人至其国，甚有爱敬"。时至今日，在郑和使团访问过的亚非国家，尤其是在东南亚，还保留着纪念郑和的各种遗迹，流传着许多关于郑和下西洋的故事传说，并且也还在进行着各种纪念郑和的活动。自古代乃至近代的世界历史上，凡属强国统帅领大军出国远征，多数是对所至各国实行侵略和奴役，给各国人民带来深重的灾难。像郑和下西洋这样实行和平外交方针，以睦邻为宗旨，其远航规模之大，时间之长，范围之广都是空前的，又都给各国人民带来福音，在历史上实属罕见。所以，郑和在海外受到崇敬，历时500余年，至今不衰，这种奇特的现象，仔细考究起来，也就不足为奇了。

3. 郑和下西洋对华侨开发南洋的影响

华侨开发南洋的历史，早在两汉魏晋之际，中国人民已与南洋有了联系。郑和下西洋开辟了中国海外交通史上的新时期，也开创了华侨开发南洋的新时代。郑和七下西洋，完全打通了往南洋各国的海上交通，在海外建立起中国的威望，为华侨开发南洋创造了许多有利的条件，吸引了大批的中国移民到南洋去。在15～17世纪，南洋华侨人数的增多，分布范围之广，是历代所不能相比的。清徐继畬说："中国之南洋，万岛环列，星罗棋布。……明初，遣太监郑和等航海招致之，来者益众，而闽广之民，造舟涉海，趋之如鹜，或竟有买田娶妇，留而不归者。如吕宋、噶罗巴诸岛，闽广流寓，殆不下数十万人"，❶一批又一批的中国移民，带去了高度发达的生产技术和封建文化，往南洋贸易的商人，又源源输进中国内地各种先进的制造品，对南洋各国社会的进步与经济的繁荣，起到了决定性的作用。"婆罗洲华侨之社会组织较苏岛爪哇方面尤优，故其势力亦大，大都小埠之商业几尽为中国人所掌握。"❷诸如此类的事例，不胜枚举。饮水思源，南洋华侨之所以尤其敬崇郑和，正是不忘郑和下西洋对华侨开发南洋所作出的历史性的贡献。但是，郑和船队下西洋，是一项开支浩大的活动，对于明朝政府的财政，是沉重的负担。下西洋所得的宝货、香料，主要只能供上层统治集团消费，不能为国家增加收入。宣宗朱瞻基组织了第七次下西洋活动。此后，英宗朱祁镇天顺元年 (1457 年) 准备派人去西洋，宪宗朱见深成化九年 (1473 年) 又有意此事，都遭大臣劝阻，未能实现。随着明朝社会矛盾加深，财政困难严重，再也没有哪一位皇帝敢于继续这一事业了。郑和航行是为了建立、发展与海外诸国的联系，主要是以和平、友好的方式进行的。航行的结果并没有引起中国和海外国家社会结构的变化。而哥伦布、达·伽马、麦哲伦这些西方冒险家的船队则相反，他们远航探险的目的就是为了掠夺财富，并把"发现"的地区变成他们的殖民地。对殖民地的掠夺，是资本原始积累的重要组成部分——西方资本主义正是依靠掠夺殖民地才得以勃兴。❸

二、郑和之后的明清海上航路 ❹

（一）中国与菲律宾等南洋诸国之间的航路

明朝中后期，中国通往菲律宾的航路有了较大的发展。宋、元时代，中国到菲律宾可走两条航线，一条是从泉州起航，经广州、占城、渤泥到麻逸(今菲律宾民都洛 (Mindoro) 岛)，另一条是由泉州经澎湖、台湾到麻逸。后航线虽短捷，但要横渡台湾海峡，有风涛之险，加以途经各地的商业价值不大，而前一航线虽然要绕道渤泥，但较安全，又可在沿途各国进行一些贸易活动，

---

❶ 徐继畬.《瀛环志略》卷二《南洋各岛》.

❷ （新加坡）张相时.《华侨中心之南洋》卷上，第 10 章《荷属东印度》第 2 节《地方志》［J］.南洋商报，1927.

❸ 陈高华，陈尚胜.中国海外交通史［M］.中国台湾：台湾文津出版社，1997.

❹ 章巽.中国航海科技史［M］.北京：海洋出版社，1991.

所以宋、元两代同菲律宾贸易交往，主要是走前一条航线。明朝初期，中国同菲律宾的古国苏禄、古麻剌朗、吕宋、合猫里、冯嘉施兰等互派使节相访，主要也是走前一条航线。郑和船队访问菲律宾各古国，如无特殊情况，也是采取经占城、渤泥至菲律宾的这条航路。如郑和船队驶离中国后，不是首达占城，而是先去菲律宾诸古国，然后由渤泥至占城，自然要采取后一条航线，即由泉州经澎湖、台湾到菲律宾。

到了明朝中后期，当时已占领菲律宾群岛中部和北部地区的西班牙殖民者实行招引华商往菲律宾贸易的政策，加以明朝政府在隆庆年间(1567~1572年)开放了"海禁"，促使中国商船纷纷前往菲律宾贸易，由以前每年三四艘增至 40 艘左右，这样一来，前往菲律宾贸易若还采取西航占城、绕道渤泥的航路，就不能适应形势发展的需要了，经澎湖、台湾到菲律宾的短途航路便取而代之，成为中、菲间的主要航路。明朝中后期中国与菲律宾之间航路的发展进一步沟通了中国与菲律宾及东南亚各国间的海上交通，对发展中国与菲律宾及东南亚各国间的贸易和友好往来起到了积极的作用，同时也有助于加强祖国大陆与台湾的联系。

（二）中国东南沿海与日本之间的航路

16 世纪以后，中国与日本间的海上交通日益频繁，从福建和浙江两省到日本的航线也随之逐渐增多。除由福建泉州、长乐(五虎门)到日本的航路外，由中国东南沿海港口直航日本的航路主要有下列各线：一是浙江诸港，如自温州至长崎，自凤尾(在浙江定海南，急水门东)至长崎，自宁波至长崎。二是福建诸港，如自厦门至长崎，自沙埕(在今福建福鼎县沙埕港口北)至长崎等。

三、明清时期的造船业

（一）明朝造船业的繁盛与衰败

明初郑和七下西洋的盛事，把中国传统造船技术推进到空前的繁盛时期。以郑和宝船队为代表，中国造船业体现出船型巨大、设备完善、航海组织严密有序的特点，表明中国传统造船技术及其船舶已达到鼎盛时期。不过，明朝的海禁政策使发达的中国造船业迅速衰败下来。

明初造船的突出成就是打造出世界上最大的木帆船，郑和航海所乘的宝船。郑和船队的大小船舶，都统称之为宝船。郑和所乘坐的一号宝船，长四十四丈四尺，阔一十八丈。海禁政策严重地限制了造船业的发展。沿海各地的船民为了生计，只能采用各自的对策。明朝实行近 200 年的海禁政策，对于中国造船业造成很大的损害。16 世纪前期，东南亚的船舶也迅速小型化。不过，这是由于殖民者消灭东南亚大型商船的结果。而 14 世纪后期开始的中国帆船的停滞和小型化，却是由于本国政府残酷打击的结果。宋元时期中国造船和航海事业的发展趋势，就中断在明朝昏庸的统治者手里。

中国古代的船型，到明朝，或者说通过明朝的文献，已经得出清晰的条理。从前曾有人提出中国古代传统的船型可分为沙船、广船、福船、鸟船四大船型，其实，鸟船仅是福船派生的船型还不能自树一帜。中国古代三大类传统的船型是沙船、福船、广船三种。沙船是发源于长江口及崇明一带的方头方梢平底的浅吃水船型，多桅多帆，长与宽之比较大；福船，是福建、浙江沿海一带尖底海船的统称，其所包含的船型和用途相当广泛，福建造船业历史悠久；广船产自于南海郡的番禺县 (今广州市)，自战国以来即为重要都会，是重要的造船地点。唐、宋时期，广州、高州 (今茂名市)、琼州 (今海口市)、惠州、潮州等地的造船业兴盛。 广船是当时中国最著名的船型，在肃清倭患的战斗中做出了贡献。"广船的帆形如张开的折扇，与其他船型相比最具特点。为了减缓摇摆，广船采用了在中线面处深过龙骨的插板，此插板也有抗横漂的作用。为了操舵的轻捷，广船的舵叶上开有许多菱形的开孔，也称开孔舵。广船在尾部有较长的虚梢 (假尾)。"❶

（二） 清朝前期的造船业

清初曾出现了中国人在东南亚大规模造船的新情况。随后的海禁政策，阻遏了造船业的技术进步和船舶大型化进程。中国传统帆船在远洋和东南亚的海上贸易中，受到西方夹板船的严重挑战并在竞争中败退下来。

明朝建立后，军队驻守采用卫所制，为充实军备，打造战船。太祖洪武五年 (1372 年) 下诏，"濒海九卫造海舟六百六十艘"，"复命改造轻舟，多其橹，以便追逐"。明朝战船相互配合，行军布阵，指挥有序。清朝建立后，先在京口、

---

❶ 席龙飞．中国造船史 [M]．武汉：湖北教育出版社，2000.

杭州等地驻屯水师，继而北起黑龙江南至广东设置水师营。又在一些省份开办造船厂。如龙江船厂，早在明朝就是著名船厂之一，清王朝因之，主要打造战船，也打造和修理漕船。康熙十九年(1690年)对此稍作改动，外海所用战船，"自新造之年为始，三年以后依次小修、大修，更阅三年，大修或改造"。对于内河战船，则"小修、大修后，更阅三年仍修复用之"。按新的规定，战船仍按期检修，但小修抑或大修则视情况而定；使用十年后，是拆造还是修理，亦视实际情况处理，新的法规更为合理。清朝水师所用战船主要有：长龙船、先锋舢板船、拖罾船、哨船、巡船、龙艚船、飞划船、沙船、唬船、小快船、梭船、赶缯船、双篷锯船、平底贡船、水锯船、扒船、大咘船、快蟹船、鸟船等。清朝战船种类既多，又各具特色。

第四节　明清时期的海洋贸易 ❶

　　明朝前期，为保证海禁的顺利实行，明朝政府以要求和接受"诸番"对他们的"上国"明王朝进行"朝贡"为名，把海外贸易置于官方的严格控制和垄断之下，实行朝贡贸易，并将其作为海外贸易的唯一合法形式。朝贡贸易的产生对明朝社会经济的发展不仅没有起到积极作用，反而带来不少弊端，终致难以为继，遂使明朝后期私人海外贸易得以迅速发展并达到了相当高度，使我国历史上持续了1000多年的以官方垄断为主的海外贸易发生了根本性的变化，进入了一个崭新的时期。受"禁海"与"迁界"的影响，清前期的海外贸易曾一度停顿、萎缩，但自1684年实行开海设关、严格管理海外贸易的政策之后，虽有十年的"南洋禁航"的阻碍和影响，中国的海外贸易仍以不可抗拒的势头发展起来，其规模和贸易总值均远远超越前代，达到了新的水平。

一、明朝的海洋贸易 ❷

　　在我国海外贸易史上，明朝是一个重要的朝代，它经历了我国海外贸易由盛转衰的主要过程。在明朝统治的200多年里，我国海外贸易在宋元时期

---

❶ 曲金良.中国海洋文化史长编（明清卷）[M].青岛：中国海洋大学出版社，2012.

❷ 李金明.明代海外贸易史[M].北京：中国社会科学出版社，1990.

发展下来的基础上又有了新的发展，其中既有由明朝政府主持的震惊中外的郑和七下西洋，亦有由私人海外贸易商经营的遍历东西洋的海外商船。然而，这些发展持续的时间并不很长，到 15 世纪末期，我国商船已绝迹于苏门答腊以西，至于隆庆元年 (1567 年) 部分开禁后发展起来的私人海外贸易，到万历末年亦走向衰落，且逐渐被东来的西欧殖民者所压倒。明朝政府对海外贸易的严格控制以及对海外贸易商的残酷打击，使之无法得到正常发展，无疑是导致这种变化的主要原因之一。

明朝前期 (1368~1566 年)，明朝统治者为了加强对海外贸易的控制和垄断，实行了一种招徕海外诸国入明朝贡贸易的制度，准许这些国家在朝贡的名义下随带货物，由官方给价收买。这种贸易，在海禁严厉的时候，几乎成为唯一的海外贸易渠道，因此史学界称之为"朝贡贸易"，即以"朝贡"为名，把海外贸易置于官方的直接控制之下。

1. 朝贡贸易的原则与限制

明朝的朝贡贸易既然已成为官方直接控制海外贸易的一种制度，那么它与海禁的实行必然分不开，因为只有厉行海禁，不准私人出海贸易，堵住外商可能在外海同私人进行贸易的一切渠道，才能迫使海外诸国不得不走朝贡贸易这唯一的途径。因此，一般说来，海禁越严厉时，海外诸国朝贡的次数就越频繁，明朝政府就是通过朝贡贸易的实行来加强对海外贸易的控制和垄断。

2. 朝贡贸易的实质

从上面的论述中可以看出，明政府实行朝贡贸易的主要目的在于保证海禁的顺利实行，把海外贸易置于官方的严格控制之上。在明朝前期，朝贡贸易实际上已经成为海外贸易的唯一合法形式，其实质是明朝统治者以接受各国对"上国"的"贡品"并给予"赍赐"的方式向朝贡国家购买"贡品"，"这种贡品实际是一种变态商品"。[1]对于朝贡贸易的看法，有人认为是"政治重于经济"，是"出的多，进的少，根本不计价值。"[2]很难想象，一种仅从政治上优先考虑而不计价值的制度竟然可以维持长达 200 年之久。明政府实行朝贡贸易还有另一种目的，那就是维护自身的专制统治，一方面以海外诸国的频繁入贡来造成一种"万国来朝""四夷咸服"的太平假象，以迷惑

---

❶ 胡如雷.中国封建社会形态研究［M］.北京：三联书店，1979.

❷ 范金民.郑和下西洋动因初探，郑和下西洋论文集(第二集)［M］.南京：南京大学出版社，1985.

国内人民，另一方面以朝贡作为一种"羁縻"手段，以控制海外诸国，防止侵扰边境的战争。明太祖在位期间，曾多次对海外诸国的入侵及其他越轨行为以"却贡"或扣留使者来进行惩处，迫其就范。

综上所述，明朝海外朝贡贸易是伴随海禁而来的一种海外贸易制度，在"有贡舶即有互市，非入贡即不许有互市"的原则下，明政府为了加强对朝贡贸易的控制和垄断，不能不对海外朝贡国家实行种种限制。这种贸易的实质是明朝统治者以"赍赐"的方式向朝贡国家购买"贡品"。无论是明政府或者是朝贡国均可从中攫取高额利润，这就是朝贡贸易得以长期维持的根本原因所在。然而，朝贡贸易并不适应国内商品经济发展的要求，它的产生对明朝社会经济的发展不仅没有起到什么积极作用，反而带来了不少弊端，使明政府在贸易中出现逆差，在财政上造成亏损，丝绸、铜钱、白银等大量外流。这种种弊端的存在，使明政府在朝贡贸易的执行中不得不采取既鼓励又限制的双重手法，而当这种矛盾做法发展到无法继续维持时，势必使朝贡贸易制度导向自身的否定。

3. 朝贡贸易的衰落

明朝前期所实行的朝贡贸易制度通过郑和下西洋达到鼎盛后，逐步走向衰落并已明显地表现出来。朝贡贸易的弊端体现在，朝贡贸易的产生并不是国内商品经济发展的要求，而是明朝政府为控制海外贸易而实行的一种制度，它对社会经济的发展不仅没有起到什么积极作用，反而带来了不少弊端。

第一，明朝统治者为了保证对朝贡贸易的控制和垄断，在运送的过程中不知耗费了多少民力财力。更有甚者，这些使者以"朝贡"为名，上岸后一切供给皆出于所在地居民，而使者留在那里动经数月，其耗费亦很浩大。当时几乎已达到了贡使所经，鸡犬不宁、民不聊生的地步。不少明朝官员亦认为，"连年四方蛮夷朝贡之使，相望于道，实罢中国"；❶"朝贡频数，供亿浩繁，劳敝中国"，❷似此劳民伤财的交易，岂有不衰落之理。

第二，这种朝贡贸易不讲经济效益，很少受市场规律的调节，经常出现供求失调，在赏赐过程中讨价还价，争论不休。海外诸国入明朝贡，大抵为图厚利而来，不管你需要与否，只要有利可图，则大批载运进来。

---

❶《明太宗实录》卷二三六，永乐十九年四月甲辰.

❷《明英宗实录》卷一〇七，正统八年八月庚寅.

第三，海外诸国通过朝贡贸易输进来的物品大多是珍宝珠玉等奢侈品，它们普遍具有物轻价贵的特点，给明朝的财政造成极大的亏损，丝绸、铜钱、白银等大量外流。这些说明，朝贡贸易不仅对当时社会经济的发展没有什么益处，相反却导致统治阶级越来越腐化堕落，使阶级矛盾越来越尖锐。总之，由明政府控制的海外朝贡贸易所造成的弊端是多方面的，它给明朝前期社会经济的发展带来了不少危害，而这些危害就是促使朝贡贸易不能持久延续从而走向衰落的内在原因。

4. 准许非朝贡船入口贸易

正德四年(1509年)，广州开始准许非朝贡船入口贸易。准许非朝贡船入口贸易，其实已从根本上否定了"有贡舶即有互市，非入贡即不许其互市"的朝贡贸易原则，它不仅加速了朝贡贸易的衰落，而且助长了私人海外贸易的发展，准许非朝贡船入口贸易，实际上意味着广州的朝贡贸易已名存实亡，而沿海一带的走私贸易却日趋发展，在这些走私贸易的冲击下，朝贡贸易势必要走向衰落。此外，西方殖民者东来以及中日关系的恶化，也是朝贡贸易走向衰落的重要原因。到嘉靖末年，倭患基本平定后，为防止再次出现"乘风揭竿，扬帆海外，勾连入寇"的现象，维持抵御倭患的庞大军费开支，明政府不得不改弦易辙，在福建巡抚的提议下，于隆庆元年(1567年)在福建漳州海澄月港部分开放海禁，准许私人出海贸易，从此结束了明朝前期维持近200年的朝贡贸易，使明朝后期私人海外贸易得以迅速发展。

在明政府厉行海禁期间，大凡一切违禁出海的私人海外贸易船均属走私贸易之列。明政府虽然制定出不少海禁律法，却不能完全切断这种私人贸易，犯禁出海的走私贸易船仍多不胜数，大有愈禁愈盛之势，这种现象的出现与东南沿海一带的地理条件以及海外贸易的巨额利润有着密切的联系。海外贸易的巨额利润也是走私贸易猖獗的另一原因。明朝前期这种海外贸易系属域外长途贩运贸易，其利润之巨颇为惊人，在山东沿海，据走私贸易者自述，每放一艘走私贸易船出洋，一年可得船金二三千两。

二、清朝前期海外贸易的发展 ❶

康熙二十三年(1684年)，清政府正式停止海禁。第二年，宣布江苏的松江、

---

❶ 黄启臣.清代前期海外贸易的发展 [J].历史研究，1986（4）.

浙江的宁波、福建的泉州、广东的广州为对外贸易的港口，并分别设立四个海关负责管理海外贸易事务。至此，清初的海禁宣告结束，中国的海外贸易进入一个开海设关管理的时期，一直延续到道光二十年（1840 年），长达 156 年，整个海外贸易获得长足发展。

（一）贸易港口的扩大和贸易国的增多

自康熙二十三年(1684 年)开海贸易后，福建、浙江、江苏沿海"江海风清，梯航云集，从未有如斯之盛者也"，山东、河北、辽宁的港口"轻舟"贩运也十分活跃。根据史料记载，当时开放给中外商人进行贸易的大大小小的港口计有 100 多处，包括广东佛山口、黄埔口、虎门口等 43 处，浙江镇海口、象山口、温州口等 15 处，江苏的常州口、扬州口、镇江口等 22 处，北方以天津口为盛，其次是山东的登州，辽东的牛庄等港口。由此可知，当时虽然政府规定是广州、泉州、宁波、松江四口通商，但实际上中国整个沿海的大小港口都是开放贸易的。乾隆二十二年(1757 年)，清政府撤销了泉州、宁波和松江三海关，开放港口有所减少，但广东沿海各大小港口以及宁波、厦门等港口也仍然准许往南洋贸易，而且就其贸易量而言，还超过了以前。如此之多的港口进行海外贸易，世界各个国家和地区的商人纷至沓来。几乎所有亚洲、欧洲、美洲的主要国家都与中国发生了直接的贸易关系。特别是美国与中国发生直接贸易关系是从乾隆四十九年(1784 年)"中国皇后"号首航广州开始的。而之前与欧、美各国贸易主要是间接贸易，明朝海外贸易则主要限于南洋各国。

（二）商船数量的增加

随着海外贸易的发展，穿梭往来的中外商船数量逐渐增多。康熙五年(1666 年)中国驶往日本的商船有 35 艘，康熙九年 (1670 年) 增至 36 艘。特别是开海贸易后，中国与日本的通商进入了正式缔约贸易时期，到日本贸易的商船大增。康熙二十四年(1685 年)有 85 艘；康熙二十五年(1686 年)102 艘；康熙二十六年 (1687 年)115 艘；康熙二十七年(1688 年) 更增至 193 艘，随船到日本贸易的中国商人达 9128 人次。据统计，从康熙二十三年(1684 年)到乾隆二十二年（1757 年）的 67 年间，中国开往日本贸易的商船总数达到 3017 艘。❶

---

❶ （日）大庭修 . 日清贸易概观［J］. 社会科学辑刊，1980（1）.

（三）进出口商品的种类和数量繁多

清朝前期，中国海外贸易的进出口货物品种之多，数量之大是空前的。中国是一个地大物博的国家，当时整体生产水平较高。在海外贸易中，中国货物纷纷出口。当时输往日本的商品有：江苏的书籍、白丝、绫子、药材、绘画等。福建的书籍、墨迹、绘画、花生、药物、生活用品等。广东的白丝、黄丝、锦、金缎、药种、蜡药等。浙江的白丝、绉绸、绫子、绫纨、药种、化妆用具等。其中，主要是丝、丝织物、药材、糖、纸张和书籍输入日本，数量"逐年增加，不但供上流社会，且为一般民众广泛使用和爱好。因此，对于日本人民的生活直接间接起了颇大的影响"。❶大量商品输往日本贸易，对中国十分有利，因为这些货物大抵内地价一，至倭（日本）可得五，及日货，则又一得二。欧美各国输入中国的商品种类、数量也很多。康熙二十三年（1684年）清政府实行开海设关、严格管理海外贸易政策之后，虽有十年的"南洋海禁"和乾隆二十二年（1757年）撤销闽、浙、江三海关贸易的阻碍和影响，中国的海外贸易并未因此停顿或萎缩，而是以不可抗拒的势头向前发展，其规模和贸易总值远远超越前代，达到了新的高度。明朝隆庆年间以后，海禁松弛，对外贸易获得较快发展，万历二十二年（1594年）是全国海外贸易税饷收入最高的年份。

第五节　明清时期的海港城市 ❷

海港城市是人类海洋活动的集中发生地，它以海上通商贸易为主要经济特征，伴随着航海活动的拓展而发展。明清时期，我国海港城市的发展呈现两大特点，一是区域特征已十分突出，二是大批走私贸易港的崛起。此时，广州与澳门互为联结，成为接受异域文化的最前沿，澳门中西合璧的城市建置是中外海路文化交流的典范。福建港市进入兴替期，福州以其一贯的政治属性，作为部分地区的商品集散中心，仍然极具活力；随着官方航海的衰落、走私贸易的兴盛，泉州后诸港一蹶不振，港市的中心转向安海港；厦门曾一

❶（日）木宫泰彦.中日文化交流史［M］.胡锡年，译.北京：商务印书馆，1980；中日交通史（下册）［M］.陈捷，译.北京：商务印书馆，1931.

❷ 曲金良.中国海洋文化史长编（明清卷）［M］.青岛：中国海洋大学出版社，2012.

度成为东南沿海的贸易中心，在清朝得到空前发展；在走私贸易合法化过程中，漳州月港作为民间海商国际贸易商港，得到了最充分的发展。宁波港在明朝的发展非常缓慢，而在清前期则进入全盛时期。北方诸港中以登州和天津最具代表性，其在军事防御和运输中的作用较为鲜明。

一、明清时期的广州港

（一）明朝的广州 ❶

广州在明太祖时期便已设立市舶司，而且是朝廷指定贡使登岸最多的一个口岸。永乐三年（1405 年），为了做好招待贡使的工作，又在广州设置怀远驿。因此，广州的海外交通和贸易一直处于非常繁荣的状态。嘉靖年间（1522～1566 年），朝廷在全国撤销了浙江、福建两个口岸，独留广州一个，因此，广州在全国的对外贸易中，长时期处于垄断的地位。广州又是与欧洲殖民者最早接触的地方，葡萄牙人的舰队最早抵达广州，作为广州的外港，澳门成了一个外国商船来华贸易的主要湾泊和贸易场所。因此，它对广州港口的海外贸易所产生的影响，是十分重大的，广州的对外贸易，基本上已为葡人所垄断。

万历以后，广州每年夏冬两季举行定期的市集贸易，每次开市数星期至数月不等。在这期间，广州的对外贸易有了一定的发展，表现在外省商人前来广州贸易的人数不断增加。《天工开物》卷中说："闽由海澄（漳州）开洋，广由香山澳。"澳门作为广州的外港，也就成为当时对外贸易最主要的地点。广州的对外贸易，促进了广东农业和手工业的发展。对外贸易改变了广州附近地区农业生产的结构。特别是珠江三角洲一带，由过去以生产粮食为主，转变为多种作物同时经营。桑基鱼塘便是这种情况下出现的。此外，甘蔗种植和果木、花卉种植面积的增加，都为海外贸易提供了丰富的出口商品。手工业也有很大的发展，特别是冶铁业、纺织业、陶瓷业、造船业和食品加工业的繁荣，使广州及其附近的市镇，成为全国主要手工业产地之一。明朝时期还对广州的城市建设，广州的城墙进行了两次较大规模的扩建。

---

❶ 邓端本.广州港史（古代部分）［M］.北京：海洋出版社，1986.

（二）清朝广州港的繁荣

1. 唯一的通商口岸

自乾隆二十二年（1757年）清政府改广州一口通商后，广州成了全国唯一合法的通商口岸，在对外贸易中处于垄断地位。因此，从1759年起至鸦片战争爆发为止，是清朝广州海外贸易的繁盛时期。进口船舶的规模非常大。美国也加入了各国的贸易行列，美国在取得独立后的第二年，便派遣美国商船"中国皇后"号到达广州。这只船在黄埔停留了4个月，在它停留期间，又有一艘"潘拉斯"号来到。这两艘船共运走茶叶88万磅，获得了很大的利润。从1786年起至1833年止，48年间，美国到达广州的船只有1104艘，仅次于英国，其发展速度比其他国家都快。至于通过广州出口的本国船舶，也有蓬勃的发展，而且多往来于越南、暹罗、爪哇、苏门答腊、新加坡、吕宋等地，仅新加坡一地，每年便有90余艘中国船往来贸易。总之，这一时期广州港的海外贸易，仍然处于出超的地位，外国商人处于入超的地位。在这样的情况下，狡猾的外国商人，特别是英国商人，便转而向中国输出鸦片以弥补他们对华贸易的差额，这样就出现了罪恶的鸦片贸易。英国东印度公司从乾隆三十七年（1772年）获得鸦片的专卖权后，便向中国大量输出鸦片。至鸦片战争前夕已达40000余箱。英国在鸦片贸易中获利3亿元以上。美国也获利数百万元之多。从道光六年(1826年)起，中国在对外贸易中，便从出超的地位变为入超的地位，而英、美、法等国通过鸦片贸易由入超变为出超，摆脱了在对外贸易中的被动地位。鸦片贸易最终导致了1840年的鸦片战争。

2. 广州的外港——黄埔港的兴盛

进入清初，位于波罗庙上游的黄埔港，作为清朝政府指定的外船碇泊之所，便逐渐地兴盛起来。当时外国商船携带铜炮前来贸易者，亦明令规定"于黄埔地方起其所带炮位，然后交易"。当时大部分物资都是通过黄埔进口的。清朝广州的对外贸易进一步推动了地方经济的发展，增加了商品性农业的比重，经济作物得到很大的发展，农业商品性的成分增加，必然促进手工业和商业的发展。因此，从明末清初开始，邻近广州的佛山，手工业经济有了很大的发展，冶铁、纺织、陶瓷行业蓬勃兴起，成为当时全国有名的手工业城市。手工业的发达又带动了商业资本的活跃，使我国古代经济中资本主义萌芽的成分更为明显了。

二、明清时期的福建诸港 ❶

许多港市的发展与国家权力中心有着密切的关系。福州港作为福建省的政治文化中心,它在传统国家中的官方海洋事业上始终占有重要的一席之地。这使得福州港市与国家政治经济政策运作发生着过于密切的联系,福州港市的功能运作与国家政治有着不可分割的因果相关性。在闽东南诸港市之中,福州港的政治属性向来十分突出,其历史之悠久,其余诸港无出其右者。福州港市在清廷开放海禁和厦门设关开埠之后,主要是与国内沿海各港之间互通往来,而与国外直接的航海贸易则较少。

明朝的泉州依然为全国的一个重要港市,自明初洪武三年(1370年)复设市舶司,永乐三年(1405年)置来远驿,其管辖范围还是交通辐射面均不能与宋元鼎盛时相比,泉州官方航海贸易因而很不景气。洪武七年(1374年)泉州市舶司一度被废,永乐元年(1403年)复置,由于贡舟抵泉者渐少,于是成化年间泉州市舶司正式移迁福州,这标志着福建官方贸易的北移,泉州港进入私人民间贸易的时代。泉州湾后诸港一蹶不振,成为地方性港口。明朝泉州官方航海衰落,但其民间商人走私贸易兴盛,港市的中心由后诸转向安海,并呈现出更加分散的状况。围头湾内诸港因私商航海兴盛而迅速崛起,以安海港最为突出。安海(即安平)港距郡之统治偏远,官府控制力相对薄弱,便于私商与外商贸贩。安海商人能商善贾,且地濒于海上,扬帆经东石、石井海门便可出外海,有利于私人海上贸易往来。当时,从泉州安平输往日本的瓷器相当多。清廷为了隔断沿海人民与郑氏集团的联系,施行海禁与迁界政策。民众为逃脱困境,往往贿赂沿海守界官兵,或进行海上走私贸易。明天启、崇祯和清顺治年间(1621~1655年),泉州安海港在郑芝龙、郑成功海商集团经营下,成为中国东南海外交通贸易的中心港市,其中,崇祯元年(1628年)郑芝龙受明朝招抚后,拥兵安海,并将其作为独占的军事据点和对外贸易的海上基地。安海港的郑氏船队常年穿航日本、巴达维亚和东南亚各地,或以台湾、澳门为中转港与荷兰、葡萄牙、西班牙等商人交易,其中以对日贸易为主。航海、商贸的发达,促进了安平镇的繁盛。直到1684年"甲子复界",海禁既开,又经一番疏浚整治,才逐渐恢复过来。泉

---

❶ 蓝达居.喧闹的海市——闽东南港市兴衰与海洋人文［M］.南昌:江西高校出版社,1999.

州海商航海活动转入正常，成为"合法"的贸易，船载瓷、丝绸、纸张、糖、靛等，运销于国内各地，泉州港海上航运又见兴盛。

厦门港位于闽南九龙江入海处的海岛上，港区水深达 20 米，为天然良港，为东南沿海重要之军港。随着海洋贸易的发展，港口空间格局也不断变化，明朝允许私商在水仙港盘验后移至曾厝垵出航。位于厦门岛东南部的水仙港又取代高崎港而兴起。明末清初，仍沿用水仙港，并增设沿厦门岛东南的集美、港仔口、新港头、磁街等十多个渡头。厦门为华南海疆之要地。优越的地理条件为清以后厦门港的崛起设定了区位优势。入清以前，厦门地方社会与文化已获相当之发展。随着厦门地方社会的发展，国家政治力量也随之渗入。明清帝国加强了对厦门地方社会的政治监控，推行"保甲"制。对于厦门港市而言，最重要的国家机构的设置，也许是海关的设立，它标志着厦门港市的发展进入一个新的时期。康熙二十二年（1683 年）取消"海禁"，并在厦门设立闽海关正口。海关的设置以及关赋市税的征收，自然意味着国家对于海市的开放以及民间社会商业活动的合法化。这无疑促进了厦门港海洋贸易的发展和厦门港街市的繁荣。厦门港有理由"以僻陋海隅而富甲天下。"

海洋贸易的发展，使厦门成为东南重要的贸易港口，而港口的发展，也促成了港市的发展。厦门传统港市的发展在乾隆时代达到鼎盛。当时厦门已成为联系闽南内地市场的中心，是漳、泉一带农产品、手工业品的转口港和消费品集散地。直至嘉庆元年（1796 年），厦门一直是"远近贸易之都会"。在清康熙年间至鸦片战争前这 100 多年中，厦门成为闽南政治、经济的中心都市和新兴的港口城市。"由于港口优良，厦门早就成为中国最大的商业中心之一，又是亚洲最大的市场之一。……许多商店摆满生活的必需品与奢侈品，……在这个港内总计大约有一百五十只沙船，其中很多艘正在很宽敞的船坞里修理，如果加上每日从台湾开来的米船，那数目就更多了"❶ 为了适应港市经济的发展，清朝康熙年间厦门出现了洋行和商行，这是一种贸易的代理中介机构。

三、明清时期的宁波港 ❷

明朝是宁波港口发展极为艰难缓慢的时期。明朝初年，由于厉行"海禁"，

---

❶ 郭士立.中国沿海三次航行记（鸦片战争在闽台史料选编）[M].福州：福建人民出版社，1982.

❷ 郑绍昌.宁波港史 [M].北京：人民交通出版社，1989.

合法的民间贸易事实上不可能存在和发展，官方贸易也只限于宁波通日本。所以，宁波港内除了几年来一次的日本"贡船"外，几乎没有别的商船靠泊。宁波港内一改宋元时代千樯万楫的盛况，而呈现出一派萧条景象。明朝日本勘合贸易船到宁波的航线有两条。一是南路，即唐宋以来的传统航线，一般是在春秋两季，乘东北季风，从日本的兵库（或博多）出发，横渡中国东海到宁波。二是南海路，这是由于日本为了避开大内氏的劫掠而开辟的一条新航线。它是以日本堺港为起点，经过四国岛南部，然后横渡东中国海或南中国海到达宁波。日本派遣勘合贸易船的目的是为了贸易，但名义还是进贡。所以明朝政府对他们的接待优礼有加，十分隆重，不过并没有因此而放弃对他们的严格控制。除贡期、船只数、人数等有明确规定之外，对贸易货品及贸易方式也有一系列的禁限。日本来贡人员不准携带武器，违者以盗寇论处。禁止他们在没有明朝官府监督的情况下进行任何交易活动。明朝由宁波港输入的日本货物，以刀剑、硫磺、铜、苏方木、扇、描金器、屏风、砚等为主，数量是相当惊人的。自永乐至嘉靖年间，两期共 17 次勘合贸易，从日本输入的刀剑总数当在 25 万到 30 万把之间，输入的硫磺大概在 150 万到 200 万斤之间，输入的铜总量超过 150 万斤。明朝政府对此主要用铜钱来给价。❶明朝通过宁波港输往日本的物资以铜钱为第一，这是由于明朝对于使臣自进物和国王附搭品的给价，大都是用铜钱支付的。其次，是书籍和名画的输出。此外，他们还多方搜求中国名画，日本国内保存的中国名画中有不少是在这一时期带去的。综观上述情况，可以看出日本在贸易中获益较大。除了明显的经济上的利益外，明朝铜钱的大量输入，增加了日本国内的钱币流通量，为商品经济的发展创造了条件。而大量的中国书籍、古画及丝织品、工艺品的输入，必然直接或间接地促进日本学术和工艺美术的发展，丰富日本社会文化生活的内容。而日本某些特产，如硫磺、苏方木、铜等的输入，对明朝的造币业、军工业、染织业、冶炼业及其他手工业的发展也有一定的促进作用。

宁波港的官方贸易虽然逐步衰落，但海外各国到沿海来贸易的"私舶"却在不断增加，也为海上非官方贸易的发展提供了条件。因此，民间的海外贸易开始发展起来。由于国家明令禁止私人出海贸易，故私人的民间海上贸易实际上是"非法"的走私贸易。明朝中期，宁波沿海的民间"非法"海外

---

❶《光绪鄞县志》卷七〇．

贸易已经发展到相当大的规模，当时集结在走私贸易基地双屿港的常有中外商人万余人，停靠船舶千余艘。明末"海禁"开放后，为扩大全国的南北物资交流，起了很大作用。但是由于"海禁"是有限开放，对日贸易没有恢复等原因，宁波港基本停留在转口贸易港的地位上。其繁荣程度也就远逊于宋元时代的宁波港了。在清初40年的"禁海"与"迁界"期间，宁波港的民间海上贸易乃至渔业生产，尽被窒息。康熙二十三年（1684年），弛"海禁"，颁"展海令"，康熙二十四年（1685年），正式在宁波设浙海关，此后的100多年间，宁波港的转运功能和港口贸易发展到了可能条件下的最高点，进入古代宁波港的全盛时期。

四、明清时期的登州港、天津港

登州地处要津，所谓"东扼岛夷，北控辽左，南通吴会，西翼燕云"，明朝对登州的陆、水军事建设，均极为重视。明设卫所，山东都司辖18卫，登州卫居重要位置。洪武九年（1376年），升登州为登州府，将登州由守御千户所升格为登州卫。后来登州建制、设官和驻兵等虽有变化，但均以海防重镇为前提条件，这和登州的地位是相称的。洪武九年（1376年）五月，为海上防守和海运之需，以扩建港口，在蓬莱城北，南联城墙，兴修了水城，曰蓬莱水城或登州水城，这是我国北方颇具规模的人工港口和海上要塞，明朝的登州港是海防重镇。❶

天津港口在军事运输上的地位非常重要，元末明初，直沽成为双方战争攻守的前哨和转运兵员物资的重要港口。洪武元年（1368年），遣大将军徐达北伐。徐达率马步舟师25万人，沿大运河水陆两路北上到直沽，作浮桥渡军。洪武四年（1371年），镇海侯吴祯镇守辽东，总舟师万人，其军需粮饷之一部，由直沽港海运供给。洪武三十一年（1398年），朱元璋死后，燕王朱棣为夺取皇位，在北平（今北京）起兵，燕王朱棣由直沽渡河，攻下沧州。回师后，将海津镇命名为"天津"（天子之津梁，天子经由之渡口）。建文四年（1402年），明辽东总兵官杨文奉建文帝命，率兵10万争夺天津，被燕王朱棣部将宋贵等人所击溃。永乐二年（1404年），明成祖因直沽是海运、商船往来要冲，令在此处筑天津城，设卫；又因海口田土肥沃，命调沿海诸

---

❶ 登州古港史，人民交通出版社，1994.

军士屯守。永乐三年（1405 年），明朝又决定设立天津左卫，次年改青州左护为天津右卫，天津及其港口的军事地位更为重要。❶

第六节　明清时期的海路文化交流与传播❷

明清时期中外海路文化交流最显著的特征体现在交流媒介的变化上，乘商船而来的大批传教士、商人和中国的海外移民是这一时期文化交流与传播的最主要载体。通过贸易航道，漂洋过海的传教士与外国商人带来了西方的天文历算、地理学、物理学等科学技术以及艺术和思想，同时，又将中国的经籍、语言文字、中医学、绘画和建筑艺术等传播到欧洲各国，开欧洲人研究汉学之风气；中国大批海外移民将农作物种植及加工技术、手工制造技艺、航海与造船技术、民俗与宗教等传播到东亚文化圈以外更广的世界，并带回了独特的华侨社会文化，促进了沿海区域文化的变迁。

一、明清时期西方文化的海路输入

15 世纪的欧洲，经过文艺复兴和航海技术的发展，西方殖民者为寻找新的殖民地，使东西方在海上的交通逐渐地发达起来。欧洲耶稣会士于16、17 世纪之交，远涉重洋，联翩来华，一股异质文化通过海路被导入中国文化系统，从而揭开了近代中西文化交融与冲突的序幕。

科学技术方面输入了天文历法，数学、地理学、物理学，机械工程学与火炮制造术，医药学以及音乐绘画等。如西洋数学对中国影响最大的是《几何原本》，该书介绍了古希腊数学家欧几里得的平面几何学。耶稣会士向中国学术界介绍的地理学，介绍了五大洲、三大洋的地理位置，使人耳目一新，当时中国人自己绘制的"世界地图"上，世界仅限于中国本土，本土周围全是海水，其间散有几座小岛，"所有这些岛屿都加在一起，还不如一个最小的中国省大"。❸西方医药学于明朝末年传入中国，而首先传入的，是西方解剖学。写真是最早受到西洋艺术影响的绘画艺术，中西画法容易互相产生影响，传教士将西洋画法介绍到中国，使中国绘画风格产生了微妙的变化，

---

❶ 《天津港史》编辑委员会 . 天津港史（古、近代部分）［M］. 北京：人民交通出版社，1986.

❷ 曲金良 . 中国海洋文化史长编（明清卷）［M］. 青岛：中国海洋大学出版社，2012.

❸ （意）利玛窦，金尼阁 . 利玛窦中国札记［M］. 何高济，王遵仲，李申泽，译 . 北京：中华书局，1983.

而他们自身也深受中国绘画技法的影响，逐渐改变了固有的画风。西洋音乐传入中国，始于葡萄牙人定居澳门。明嘉靖末年，葡萄牙人已定居澳门，并建立起教堂，风乐成为教堂中的常用乐器，所以说西乐传入中国，始于葡萄牙人定居澳门。还有就是西方哲学传入中国，始于明末天启、崇祯年间，希腊哲学思想得以流传中国。

西方思想传入中国后，曾一度在中国发生争辩，使中国沉寂的思想界产生波澜的，是基督教的宗教哲学思想，"基督教传入中国时，宗教之形式已成立，教条已确定，不易容纳外来意见，固不易受其他理论之影响。因其为超然的教派，固始终走不到中国社会里层去。中国同有之文化，在此方面亦始终不能受其影响"，"自来中国一般人之思想，多偏重于'人'的方面，而不注意于'物'的方面，换言之，即专在社会科学上用功夫，而不在自然科学上用功夫也。晚明之际，学人喜谈心性；乾嘉之际，学人喜谈经术。学问正宗，自中国人视之，大抵不外乎此。至若天文、历算、物理之学，均属末技，不为学人所重视也。在此种空气中，自西方传入之所谓西学，其不能发扬广大，乃为自然之趋势。西方学术，原对科学颇为重视，在其传入中国之后，尚不足见重。当时，则与科学俱来之其他学问，自又不在中国人眼目中矣。凡一国民，俱有其传统之思想习惯，合于此种思想习惯之学术，易于滋育生长，不合于此种思想习惯之学术，必至中途夭折。西来之学乃中国所不欲讲说者也。鸦片战争而后，西人以巨舰利炮打进中国之边疆，而侵及内部，国家生命，危如累卵，国人始知空言经术，不足以救国，而注意于西方各国所以致富致强之原因，于是有维新之运动。自清末同光以迄于今，忧国之士，未尝一日不念及此。……由是知徐、李等辈之提倡西学，乃具有超时代之目光，而国人之不知理会，实乃有所蔽也"。❶

二、明清时期的海洋学探索 ❷

随着海洋活动的拓展，明清时期人们的海洋学知识更趋丰富和完备。海洋气象学取得的成就主要集中在海洋占候和对海洋风暴的认识上，当时其他海洋气象知识，如对海市蜃楼的解释等也都达到了更高水平。这一时期沿海人民在长期的海洋活动中，进一步认识到海潮之益，对潮流、潮汐、洋流、

---

❶ 张维华.明清之际中西关系简史［M］.济南：齐鲁书社，1987.
❷ 宋正海，郭永芳，陈瑞平.中国古代海洋学史［M］.北京：海洋出版社，1989.

海洋盐分等海洋水文知识有了更深刻的把握，并将其熟练应用于各种海洋领域。明清两代人们对于我国海洋生物资源的特点和变化，有了更全面的记述与评价。由于海洋环境的变化，海水养殖业迅速兴起，并在养殖规模、养殖技术和产品的商品化程度上，取得了空前的发展。

（一）海洋地貌探索

中国古代航海，主要采用地文导航，海上及大陆边缘海区的一切地貌形态，其导航意义最为重大，这首先被渔民、水手所重视，因而调查清楚，铭记在心或记录在案。而海底地貌亦因关系到海舶的安全，并也有一定导航意义，亦要通过一切可能的手段，如丈量或通过水文辨认，来获得足够的认识，使驾驶的海舶避险就安。总之，认识地貌是为了航行的需要，关系到生命财产的现实安全。

（二）海洋气象探索

海洋天气状况与人们各种海洋活动均是密切相关的。明清时期海洋气象学取得的成就主要集中在海洋占候和对海洋风暴的认识上，对风暴的认识和预报，均达到了较高的水平，并成为古代海洋气象学一个重要组成部分。这一时期的其他海洋气象知识，如对海市蜃楼的解释等也都达到了更高的水平。

（三）海洋水文探索

海洋有着极其复杂的水文现象：潮汐、潮流、洋流、波浪、盐度等。它们不仅与航海和开发海洋资源关系密切，而且有的本身就是重要的海洋资源。明清时期人们对海洋水文的认识已有较高水平，其中，对潮汐现象的认识尤为深刻。潮汐学是中国古代海洋水文学乃至整个海洋学中最为成熟的学科，所开辟的盐场至今仍被利用。❶

第七节　明清时期的海洋信仰❷

海洋信仰是人类在向海洋发展以及开拓、利用过程中对异己力量的崇拜，

---

❶ 冯天瑜，等.中华文化史［M］.上海：上海人民出版社，1990；张维华.明清之际中西关系简史［M］.济南：齐鲁书社，1987.

❷ 王荣国.明清时代的海神信仰与经济社会［D］.厦门：厦门大学，2001.

亦即对超自然与超社会力量的崇拜，从根本上说就是海洋性信仰。它主要产生和传承于民间，但有些又往往受到上至朝廷帝王的敕封和祭祀，因而越发强化了它的"神"格品位和传承播布的"功力"。我国的海洋信仰传统深远，海洋神灵的结构体系，是由海洋水体本位神与水族神，海上航行的保护神与海洋渔业、商业的行业神，镇海神与引航神三个系统的神灵构成的，它是古代的海客舟子在精神世界中构筑的一个生命安全与获取海洋经济利益的保障系统。这种海洋神灵体系伴随着人们走向海洋、追求海洋经济利益而出现、发展和充实，它的发展、充实又大大增强了人们去追求海洋经济利益的信心与勇气，间接促进了海洋经济的发展。这种神灵信仰的出发点与归宿在功利方面的一致性，折射出中国海洋传统文化的实用理性之光。明清时期是我国海洋信仰极为泛滥、极为兴盛的时期。这一时期的海洋信仰上承前代，下延近世，有不少至今仍在传承。

一、明清时期的海洋传奇

明清时期，随着海洋经济的发展，人们开发海洋的广度和深度比前代大大加强了，对海洋也有了更多的认识。但面对潮起潮落、广阔无垠的大海，对许多海洋自然现象仍然无法作出科学合理的解释。海洋在人们心中依然充满危险、神怪与传奇，人们在走向海洋的同时，也在试图营造一个海上的心灵庇护所。

（一）海洋自然现象传奇

大海航行充满危险与惊悸。长时间海上航行并经历了九死一生的海客舟子到达目的地之后难免绘声绘色地谈起自己在海上的遭遇，其谈论好像"天方夜谭"。在科学未昌明的古代，有关"落漈"的"海外奇谈"完全会使人信以为真而增加对泛舟海洋的恐惧。海上航行经常要受暗礁、巨鱼等的威胁，有效地避免其危害成了航海者共同的心愿。"海市蜃楼"奇观就是海客舟子们编造出来的"神话"，反映了他们美好的愿望。

（二）海船神灵信仰

在沿海和海上社会民间看来，作为从事海洋渔业捕捞、海洋商业贸易、海洋航运工具的海船同样也具有神灵性。海船船体的重要部位，被渔夫舟子们视为海船的灵性之所在。尖首尖底船是明清时期比较流行的船型。这类船的底部有根贯通首尾的大梁，被视为灵物。浙、闽、粤沿海渔夫舟子通常称船底的大木梁为"龙骨"。为了使海船的"龙骨"具有灵性，造船时在安装龙骨的过程中，船主要举行仪式。如福建"平潭人在龙骨各承接处，夹放有棕、布等物品，据说用以避邪去晦。闽南沿海习惯在'龙骨'缝隙中塞进古钱数枚，大多用铜钱。当地渔民认为，铜钱能驱邪，装若干铜钱意味着航行有保障，不怕水妖风邪的侵扰。……龙海县船民喜欢塞些金银纸于'龙骨'缝中，据说以钱开道能逢凶化吉"。❶浙江舟山群岛渔家在造船时，"根据渔民古老风俗，在新船的骨架搭成后，用一块小木头，挖个小孔，里面放进铜板、铜钱或银元等物，放进水舱的梁头里，表示这是船的灵魂。……据说铜或银等金属能镇邪驱灾，若是有金的东西放进去那就更好。……有的小岛还用妇女身上的东西或生活用品，诸如头发、手帕之类，缚在铜钱上，一起放进小孔里。他们认为女人身上的东西，有避邪的作用"。❷

海船船头有一对船眼睛，渔夫舟子通常称之为"龙目"或"龙眼"。为保证海上捕鱼生产与生活的平安，而把渔船做成"似龙非龙，似鲨非鲨的怪异生灵"，在船体上绘"海泥鳅""鲼鱼"，其用意亦然。众所周知，东南与南部沿海生活的古越族人习惯断发文身"以像鳞虫"。据汉高诱解释："文身，刻画其体为蛟龙之状，以入水蛟龙不害也，故曰以像鳞虫。"❸事实上，上述有关海船的种种象征与彩绘图案都属于图腾崇拜，其目的也是为了避免蛟龙巨鱼的伤害与海上神灵的作祟。

二、明清时期的海神信仰与海洋渔业

海洋渔民是人类历史上最先走向海洋的人群。海洋捕捞是人类最早的经济活动与产业。由于大海浩瀚、风涛莫测与渔业生产的丰歉所具有的偶然性，从而决定了海洋生产与生活中更多地和海神信仰发生联系。

（一）明清时期的海神家族

明清时期，由于民间海洋贸易的发展，海商们不仅信奉妈祖，也信奉关

---

❶ 林国平.福建省志·民俗志［M］.北京：方志出版社，1987.

❷ 金涛.独特的海上渔民生产习俗——舟山渔民风俗调查［J］.民间文艺季刊，1987（4）.

❸（汉）刘安，高诱，注.《淮南鸿烈解》卷一《原道训》，文渊阁四库全书本.

帝、三官大帝、土地公等，由于海外移民潮流的涌现与海洋渔业的发展，许多陆域的护境神信仰以及海岛渔村的护境神信仰也出现了"海洋化"。由于女海神妈祖被"捧上天"，使得东海海神、南海海神的地位继续跌落。海神妈祖信仰在全国进一步传播，成了全国普遍信奉的海神。我国古代人们信仰的海洋神灵多而杂。神灵世界不过是人类的异化，人类观念的对象化罢了。经过认真观察与思考，我们不难发现，海洋神灵虽然阵容庞大，但也有其结构层次。港神也就是海港之神，职司港道。港神的产生要晚于潮神，应是海港形成以后的中古时期。鱼类的崇拜，确切地说，主要是对巨鱼的崇拜。山东沿海及其岛屿的渔民崇奉鲸鱼为海神，俗称其为"老人家"。舟山渔民将鲸鱼称为"乌耕将军"，看到"乌耕"露面意味着鱼群将至。鲨鱼崇拜在我国沿海也普遍存在。山东龙口市屺坶岛的渔民如果出海遇大鲨鱼即"龙兵"，要叫鲨鱼为"老人家"，并且要多说些好话。在浙江舟山群岛，如果渔船在海上遇到恶鲨，渔民往往口中念念有词。海龟、海鳖崇拜在我国沿海也普遍流行。福建沿海渔民捕鱼中若发现海龟，要恭敬地送回大海。到了明清时期，海神妈祖被封建王朝捧为"天后""天上圣母"，妈祖在海洋社会中的影响力跃居龙王之上，龙王的神格继续跌落。

（二）海神信仰与渔业生产过程

明清时期海洋渔民的海洋神灵信仰与海上渔业生产捕捞紧密地联系着，几乎贯穿着海洋渔业生产的整个过程。渔汛期的首航日子多由海神确定。海洋渔民往海上捕鱼要受渔汛支配，这就决定了海洋渔业生产具有季节性，亦即周期性。在渔民眼里，每个捕鱼周期何时出海，对于捕鱼生产的丰歉至关重要。出海捕鱼前要祭祀海神，祈求海神保佑平安。渔民们在海上的整个捕鱼作业过程既是经济活动过程，也是生活过程，这实际上是人与海洋之间、人与人之间种种关系的互动过程。同时为了和谐地完成其互动必须构成一定数量规模的人员组合。这种组合亦即"人与海洋、人与人之间形成的各种关系的组合"，是一种"船上社会"，亦即"特殊的海上社会"，是海洋社会中最小的社会群体和最基层的组织。这种"船上社会"在某种情况下会发生解体与重组。大部分"船上社会"还是具有相对的稳定性。它是渔村社会不可或缺的特殊的构成细胞。船老大在这种"船上社会"中有着特殊的身份与重要的地位。

　　海神信仰的祭祀活动几乎贯穿着海洋渔业生产的终始，而船老大在其祭祀中充当了重要的角色。渔船在出海前要举行祭祀，通常船老大要组织与主持祭祀。江苏海州湾一带每年春季第一次出海（无论近海或远海）前要举行隆重而又严肃的"照财神路"或称"照船""照网"的仪式。"在出海之前，不随便上船或往船上装东西，先把要装船的网具食物等全部物资准备好，整齐地排在靠近船的海滩上，由船老大点燃用花皮（桦树皮）和芦苇捆成的火把，俗叫财神把子，把所有船上的人、网具、食物等一应物资，以及船头船尾、舱里舱外，通通照一遍，在照太平舱时，还要特意放鞭炮驱恶。这种群体性的祭祀活动的举行反过来加强了群体合作精神进一步的培养。

三、明清时期的海神信仰与海洋贸易

　　海洋商人是继海洋渔民之后走向海洋，追求海洋商业利益的人群。海洋商人从事海洋商业贸易活动充满风险，不仅有商业风险，而且还有人身安全风险。海商把消除心理上对风险的担忧寄托在对神灵的种种祈祷之中。因此，海洋商人的整个商业活动过程也与海神信仰密切联系。明清时期，从事海洋贸易的海商在出海前要举行祭海。据《漳州府志》记载："海澄县天妃官在港口，凡海上发舶者皆祷于此。"❶ 说明祭海在当时已是普遍的现象，其他地方的海商也不例外。此外，明清时期有的地方的海洋商人出海前还请道士做"安船科仪"，以祈福禳灾，求得诸神保佑商船以及船上人员平安。❷ 海商对于神灵的祭祀是十分重视的，特别是从事远洋贸易的海商在海船航行时也要举行祭祀。

　　从事海洋贸易的最大危险是在航行过程中。与远海捕鱼的渔船相比，不仅时间长，航程长，而且海况也更复杂，而从事远洋贸易就更不要说了。因此，海洋商人特别是从事远洋贸易的商人在整个航程中也要举行焚香祭祀。其焚香祭祀表现为，在出海前祭神时从神庙中请去香火并在船上继续焚香祭祀。明清时期，此俗继续流行，并对商船上供奉的神灵偶像进行焚香祭祀，而且还表现为商船航行至某地要祭祀当地管辖一方海域的神灵。在神龛供奉神灵偶像组合方面，渔船似乎更侧重于地方性的保护神，特别是本村的护境神，这是海洋商船所少有的。此外，对妈祖的信仰不如商人普遍。"妈祖"

---

❶ 万历.《漳州府志》卷三一《古迹·坛庙》.

❷ 杨国桢.闽在海中：追寻福建海洋发展史［M］.南昌：江西高校出版社，1998.

是海上保护神，"顺风耳千里眼总管爷"都是妈祖手下的属将，眼观千里，耳听八方，能够及时有效地获得渔商船遇难的信息，以便迅速救护，保护海上航行安全。而妈祖与"顺风耳千里眼"或"顺风耳千里眼总管爷"的组合则最常见，这表明身家性命的平安是第一位的。妈祖与"观音"或"圣公爷"组合也与前者具有同样的意义。总的看来，"保佑平安仍是海商的最大心愿，这正体现出普遍的社会心理与中国文化关注现世的人文精神"。

四、明清时期的海神信仰与海外移民

移民通过海洋航路向我国近海海域的沿海及其岛屿乃至海外移居，寻求新的谋生空间。移民不仅携带着海洋神灵以保护其在海上迁徙的人身安全，而且在移居地建庙供奉，成为移民社会的精神支柱与象征。

海外移民是一项风险与希望相伴的冒险性活动。在海洋交通工具不先进而采用木帆船的古代，正常情况下通过海路移民都充满风险，如果是采取偷渡其危险就更大了。明清时代，在明朝实行海禁的时期以及清初统一台湾后相当长的一段时间内禁止沿海民众渡台，但迫于生计，人们还是顶着禁令偷渡。向本国近海海域岛屿带移民要冒生命危险，甚至付出惨重的生命代价，海外移民要冒的危险就更大了。对于海外移民来说，海上的一帆风顺以及平安到达目的地是最大的心愿。正因为海上移民具有极大的风险性，所以无论是向海岸带、近海岛屿带还是海外移民，在出海前大都要到神庙向神灵祷告、辞行，以祈求神灵保佑其平安到达目的地。明朝天启四年（1624年），郑芝龙等设寨于笨港（今北港），福建泉、漳等地的沿海民众相继渡海前往垦荒。明末清初，战争的频繁，赋税的繁苛以及东南沿海诸省土地兼并的加剧，使得更多农民流离失所，不少人背井离乡渡海到台湾，从事农垦、捕鱼、经商等营生。而清康熙年间虽然统一了台湾，但是仍禁止沿海民众移居台湾，大批的民众只能采取偷渡。海外移民也与海洋渔民、商人一样，在海上同样需要神灵一路相伴，时时庇佑。综上所述，与从事农业的人们相比较，在古代从事海洋活动的人们对神灵的祭祀更频繁与虔诚。无论是海洋渔民、海洋商人还是海外移民，当其出海起航前都要举行祭海，以祈求海上航行的平安与发财。在海船中设置神龛以供奉神灵偶像，其目的不仅仅是为了方便在海上向神灵祈祷与祭祀，更重要的是能够获得神灵及时的保佑。在陆域与海岛各类海洋社会（如渔村、商帮、移民群体）中的神灵祭祀活动都极大地增强了海洋社会内部的凝聚力，强化了海上活动的群体精神。

第八节　明清时期的海洋文学艺术 ❶

海洋的宏大和深邃，海洋潮汐的汹涌壮观，海洋资源的丰富多样，海洋活动的惊险等，无不给人以强烈的印象，以致引发历代广大文学家、艺术家的激情来描绘它、歌颂它，留下了大量海洋文学艺术作品。海洋文学艺术是人类对海洋的理解、对海洋的感情、与海洋的生活对话的审美把握和体现，是人类海洋生活史、情感史和审美史的形象展示和艺术记录。明清时期海洋文学艺术的突出成就主要体现在海洋小说、诗歌与杂记中，还有大量的文人笔记性、吟咏性"海洋文学"，成为这一时期海洋文学的一大特色。

一、明清时期的海洋小说

（一）《三宝太监西洋记》

明初的郑和是个大航海家，奉使七下西洋，像这样一个伟大的人物，当然要被当做传说的箭垛，因之神魔小说《三宝太监西洋记通俗演义》（后简称《西洋记》）的产生也就不足为奇了。不过，《西洋记》也非完全荒诞之书，有好些部分都是有根据的。《三宝太监西洋记通俗演义》的作者罗懋登是明万历间人，是个喜欢小说戏曲的文人。《西洋记》不是一部有艺术价值的书，但它能保存许多传说，又能容纳两种《胜览》里的文字，采用较早的版本，使后世得以校勘，其功却也未可尽没。❷

（二）其他涉海小说

明清小说中，中篇小说的代表性作品，要数冯梦龙的《三言》和凌濛初的《二拍》作品集。这些作品有些是据宋元话本改编而来，有些是拟作话本，其形式上的一大特色，就是保存了民间说话艺人的"说话"（说书）套路；其内容上的一大特色，就是讲说平民百姓的社会生活。由于宋元以降中国航海事业和中外海上交通有了更突出的发展，海外贸易在很长时期内更为

❶ 曲金良.中国海洋文化史长编（明清卷）［M］.青岛：中国海洋大学出版社，2012.
❷ 赵景深.中国小说丛考［M］.济南：齐鲁书社，1980.

繁荣，间有倭寇犯乱，海上多事，沿海人民也有往来其中者，所以中国涉海商人以及海外商人的生活形象，便更多地出现在了话本、拟话本所讲述的故事之中。翻翻《三言》《二拍》，有很多篇什涉及这样的内容。如冯梦龙《喻世明言》、另如凌濛初《初刻拍案惊奇》卷一的《转运汉遇巧洞庭红，波斯胡指破鼍龙壳》，叙"国朝成化年间"苏州有一姓文名若虚者，通过航海贸易致富，很值得一读。这文若虚本为一介书生，下海做生意本不在行，每每赔本，人称"倒运汉"。谁知他后来时来运转，就因他跟海洋打上了交道的缘故。

二、明清时期的涉海笔记与诗文

明清时期出现了繁盛的涉海笔记和诗文。涉海笔记包括沿海或海洋社会笔记、沿海或海上生活笔记、航海海外笔记等。至于涉海诗文，明清时期枚不胜数，然以沿海、海上地域性吟咏为最，所以明清及民国时期的各地方志搜罗较全。屈大均的《广东新语》，为我们展现了一个丰富的立体鲜活的海洋世界。

（一）海洋自然世界的鲜活描述

在海洋自然世界方面，屈大均描述比较多的是海水的性质及其在生产、生活中的运用，并对海洋水文如潮汐的涨落现象及其成因作了阐释。《广东新语》中所记载的海洋奇异生物，有石龙、金龙、土龙和吐气成景的蛟蜃；还有牡蛎蚌赢积其背的海鳅、与黄雀互化的黄雀鱼、人身鱼尾的人鱼，以及血为碧色的古老海生物鲎。东莞合兰海一带，海水漩洄而黝黑，是三江汇流的地方，这里"尝有积气如黛，或如白雾，鼓舞吹嘘，倏忽万化"。

（二）海洋人文社会的形象展示

《广东新语》中记述了广东造船的悠久历史和丰富面貌，在广东的船舶世界中，有威猛的战船，也有捕鱼的小艇，有厚重的铁船，也有精巧的画舫，有中州遗留下来的大洲龙船，也有各种洋船往来航行。从船舶的丰富多彩，可见广州海洋文化兼容并包的特点。屈大均的《广东新语》只是截取了海洋自然世界和海洋人文世界的几个侧面，但即使仅就这一点来说，也已经是一部很有价值的笔记了。

（三）宋琬的"海味诗"❶

沿海地区历代靠海吃海，其海洋生活反映在海鲜、海产饮食上，别具特色，非内地人所能体验。历代文人墨客，无论是在海边长大、一直在海边生活的，还是原籍海乡而做官外任或客居外地的，也无论原是内地人士而任职沿海的，还是偶游海滨、鉴赏海色的，都会对海鲜海味感情极深。"海味诗"的审美与史料价值在于：

（1）对渔乡独具特色的海洋物产的审美展示，宋琬用的是写实的白铺手法，详细记述，因而更具有沿海民间生活史的资料价值。展示在读者面前的绝不仅仅是某种海味，而是整个大海，和对大海的感情。宋琬所描述、吟咏的海产风味各异，它们的外貌形态、生活习性、捕获方法、饮食特色，乃至烹调方法、给人的审美情趣，以及由此而给人带来的人生感慨，都是丰富多彩的，似乎向人们展示了整个海洋世界。以点带面，以小映大，以特色涵盖一般。以有限展示无限，可以说是宋琬这组海味诗的最大特点。宋琬所描述的，是他从自己的生活体验中选取的极少数有代表性的胶东海产，而正是这数量不多的海产，充分展现了富于胶东特色的海洋物产，展示了胶东人与大海的密切关系，也揭示了人类在认识大海与利用海洋物产的活动中所形成的生活与审美文化蕴涵。

（2）表达了不可割舍的渔乡情思。可以说，是丰富多彩的胶东海产养育了包括宋琬在内的无数胶东人。诗人思念家乡的时候之所以会首先想到家乡的海味，正是诗人那种难以割舍的渔乡情愫使然。诗人的这种思乡情感，只有在渔乡长期生活的渔家后代才会感受得到。宋琬的渔乡情结，是海洋文化陶冶的必然产物。大海对人类来说，是一个慷慨的奉献者。蕴藏于大海深处的在古代似乎取之不尽、用之不竭的物产，特别是食物资源养育了无数的渔区民众。所以，海味食品是渔区人们的最爱，这种爱是从小到大在与大海的交往中潜移默化形成的，因此是根深蒂固的。对于生于斯、长于斯的宋琬来说，这种对大海、对家乡真挚的爱是与身俱在的。

（3）沿海民间生活史的资料价值。在古人的诗词文赋中我们不难发现，大量的美食诗文均来自于文人的怀旧之作。无论是在思乡念家时，还是在赞

---

❶ 赵健民.从宋琬的"海味诗"解读古代文人的渔乡情结；曲金良.中国海洋文化研究（第3卷）［M］.
北京：海洋出版社，2001.

美自己的家乡时，抑或是在感叹自己的人生之路时，甚至在回忆往事或某种生活经历时，文人们总忘不了拈出几种美味食品，借以抒怀，个中缘由耐人寻味。美好的乡味食品，之所以能够成为文人笔下表达情思的载体，是因为这些食品不仅能够满足人的生理需求，而且能够超越之，即上升为精神食粮。宋琬诗也是用吟咏渔乡的海味食品来表达自己的乡绪。

在我国的海洋文学发展史中，用诗文歌咏大海与海洋丰富物产的文人大有人在。宋琬是在渔区成长起来的，对渔乡有着难以割舍的情感，他们用自己的诗文来记录、歌咏渔乡的风味特产和乡风民情。

（4）郝懿行的《记海错》。海洋生物十分丰富，中国人自古以来在赞美海洋生物方面，有着不少笔记和诗文作品。《记海错》是一本记录、考证胶东沿海人民日常食用的海产品的专著，作者是清人郝懿行。郝懿行(1757~1825年)，字恂九，号兰皋，山东栖霞城关人。清朝嘉庆年间进士，为清朝著名的经学家、训诂学家。据《清史列传》记载，郝氏为人廉正自守，朴讷少语，非素知老友，常相对终日不发一言，若遇好友，谈论经义，则喋喋终日不倦。其住宅简陋，生活俭朴，把一生精力耗在研读和著述中。❶

三、明清时期地方志中的涉海诗文

中国历代地方志的修纂，是中国几乎历代王朝都十分重视的一件大事。中国古代海洋文学的现存状况，有如下特点：一是少，二是散，三是作品质量不精，经典作品少。对于中国古代的海洋文学作品来说，地方志更是不可忽视的一个库源。如山如海的海洋文学作品，大多保存在全国各沿海地方的地方志中，比如，山东沿海方志和浙江沿海方志。浙江舟山方志中的海洋文学作品已被浙江海洋大学集结成册，如蓬莱市的清朝方志《蓬莱县志》《重修蓬莱县志》以及民国《蓬莱县续志》等，以明清涉海诗为主的海洋文学作品记载了极为丰富、极为宝贵的资料。沿海方志中的涉海散文也非常丰富，明清时期的涉海记、传说小品散文多见于沿海方志中，可以看出人们的信仰是什么以及何以如此。

明杨慎(1488~1559年)写有《异鱼图赞》。明后期胡世安为此书作"补"，写成《异鱼图赞补》一书。此书共作"赞"110首，所赞海洋生物230种，

---

❶ 赵建民.《记海错》渔乡风物的文化透视；曲金良.海洋文化研究（第2卷）[M].北京：海洋出版社，2000.

其中多数为海产。以图画描述海洋生物的方法，《山海经》《尔雅》均包含有不少海洋生物，为此绘图，也就为中国古代"海洋艺术"增添了丰富的内涵。明清时的多种异鱼图赞原来也是有图的。清朝《古今图书集成》中就有许多海洋生物的插图，如《鸥图》《玳瑁图》《海鳐鱼图》《红鱼图》《弹涂鱼图》《鳢鱼图》《寄居虫图》《龟脚莱图》《螺图》《牡蛎图》《石决明图》《贝图》《水母图》等。❶ 另外，航海和海洋工程活动十分浩博，留下了大量文学艺术作品，形式多姿多彩，尤以其中的山水画别具特色。中国古代航海是地文导航，对航线附近的海岸和岛屿地形作了正确形象的描绘。对景图实为长卷分幅的海洋山水画。如《郑和航海图》等，不仅为航海图册，而且其中海塘分布图实为河口海岸的山水画。地方志或其他著作中也有海岸山水图，均是明清时期人们描绘海岸地貌的艺术作品。描绘海市蜃楼的画留存至今的也有，如清朝的《山城海市蜃气楼台图》等。总之，明清时期的海洋文学艺术是中国古代海洋文学艺术发展史上的高峰期，充分体现出了中国海洋文化在精神感知、审美鉴赏层面上的丰富灿烂。

第九节　鸦片战争前后我国海洋思想综述 ❷

在漫长的封建社会中，中国的海疆基本上处于一种平稳发展的状态，既有与整个国家民族融为一体的政治经济演进，又有不断形成和完善着的海洋文化特色。明清以降，虽有西方殖民势力的不断叩关和中国社会内部自身资本主义萌芽的生长，但由于中国的封建国家机器无比坚固，特别是"海禁"政策的推行，新生产关系及经济结构的发展极其缓慢。进入 19 世纪，中国社会平稳发展的状态开始面临严重危机。这一危机主要来自于变化了的世界形势，来自海洋方向。一些先进的西方国家在相继完成了资产阶级革命以后，在工业革命的推动下，以不遗余力的商品输出为手段，以坚船利炮为后盾，越海跨洋，疯狂地进行世界性的殖民扩张。闭关自守的古老中国，作为西方殖民势力垂涎觊觎的东方之珠，受到了全面的冲击，而沿海疆域则首当其冲。1840 年鸦片战争以后，中国国家安全的主要威胁从陆上边疆转移到海疆，中国千百年的国防观念和海洋观念受到了前所未有的挑战。来自海上的西方

---

❶ 宋正海 . 东方蓝色文化——中国海洋文化传统［M］. 广州：广东教育出版社，1995.
❷ 曲金良 . 中国海洋文化史长编（明清卷）［M］. 青岛：中国海洋大学出版社，2012.

侵略者，闻所未闻的坚船利炮，无数屈辱的城下之盟，将天朝的神威扫地殆尽，清王朝不得不将国防重点从陆防转移到海防。为了师夷长技、自强求富，清王朝不惜代价，建立起一支近代化海军，但到头来仍然兵败甲午。惨痛的教训揭示了晚清海防、海军的兴衰与国家兴衰密切相关的突出特征。

自从阶级和国家产生以后，濒临海洋的国家便有了海防。海防力量的主体是海军。一个国家采取什么样的海防模式，根本上决定于统治阶级的海洋观念和海防思想。所谓海洋观念，是人类通过海洋实践活动获得的对海洋本质属性的认识，它的高级发展阶段表现为人们对海洋与国家海洋及其民族之间根本利益关系的总体认识。历史地看，处于不同自然环境中的国家和民族的海洋观念是形态各异的，由此产生的海防思想也是千差万别的。但从本质上考察，可以分为两大类：一类为进攻型的海防思想，一类为防守型的海防思想。由于中国具有得天独厚的创造陆地文明的自然条件，所以中国人一开始就产生了"重陆轻海"的偏识；这一偏识又被当时流行着的"重农抑商"的思想强化，并沿着这一逻辑越走越远，于是便产生了中国特有的传统的海洋观念和海防思想。在长期的封建社会中，借助于日益巩固、完善的封建国家体制的支配，这些海洋观念和海防思想的内向、封闭和防守特征不断得到强化。鸦片战争后，中国被西方以暴力方式纳入世界体系时，西方列强通过进攻型的海洋扩张和资本积累，发展得已经很强大且近代化，中国客观上已完全不具备主动进军海洋的条件。因此，即便是一些开明人士开眼看世界，也只能在一次又一次的被动挨打中，通过认识西方而重新认识自己，折射式地去调整海洋观、海防观。从这个角度而论，甲午战败及此后半殖民地半封建化的进一步加深，其实是中华民族千百年来传统海洋观的积弊所致。晚清的这段历史告诉我们，步入近代以后，当世界经济、政治乃至军事都不可分割地连为一体的时候，海洋海防和海军对国家兴衰的影响是多么重要。这是晚清海疆历史给予我们的启示，也是中华民族当永远刻骨铭心的历史教训。

就在中国人永远都不能忘记的1840年前后，自视为天下第一的中华王国，竟受到一个遥远的西方"蛮夷"的欺辱和入侵。一个拥有近4亿人口以及1000多万平方千米土地和辽阔海疆海域的文明古国，却在只有数十条军舰、总共不到1万人的英国军队的进攻面前，连连败下阵来。英军占香港、攻广州、夺舟山、下镇江，直逼北京门户，控制长江中下游地区，长驱直入，如入无人之境。面对外来的殖民侵略，率先号召起来积极应战的，是抗英禁烟最为坚决的主战派代表人物林则徐。他是第一个承认西方比中国先进、洋枪洋炮比大刀长矛优越的清政府高级官员。他所主编的《四洲志》，第一次让中国人强化了关于世界地理与世界文化的意识。而魏源的《海国图志》更是详尽地描述了西方国家与中国在地理环境科学技术以及政治制度等各方面的不同。他提出"师夷之长技以制夷"的口号，为中国必须向西方学习而大声疾呼，否定了"祖宗之法不可变"的古训。"师夷之长技以制夷"，就是要学习西方先进的军事技术，制造和掌握洋枪洋炮，最终打败洋人，赶走外国侵略者。林则徐是清朝较早接触"夷务"的高级官吏之一，也是中国"开眼看世界"的第一人。林则徐的海防思想大致可以分为两个时期，前期主张"以守为战"，后期提出了"船炮水军"的设想。林则徐海防思想的前后变化代表了晚清海防思想发展的必然趋势，其意义在于认识到海上机动作战的重要性，修正了以"防堵"为中心的传统海防观念。

魏源在编纂《海国图志》过程中，依据《四洲志》和《国际法》的有关规定，结合其他中外文献资料，联系世界大势和中国实际，将林则徐的海权观念与海防思想加以发挥，提出了"避敌之所长，攻敌之所短，不与敌在海上交锋，而在内河严密布防，诱敌深入，然后予以堵截歼灭"的海防主张，并进而提出了一套包括制造商船、发展商业航运，模仿英国编练新式海军，扶持南洋华侨、加强中国海外殖民地等内容在内的比较系统的海权思想。在林则徐、魏源的感召下，清政府不得不承认西方的"船坚炮利"，觉得有必要在军事科技领域实行"以夷为师"政策。1860 年后，当以李鸿章、曾国藩、张之洞、左宗棠等为代表的"洋务派"提出了"富国强兵"的主张后，全国上下开始了向西方学习、大办洋务的热潮。

由于西方近代科学技术和其他社会事物的逐步传入，在通商口岸、沿海地区，社会风气也开始发生变化。"西学"在士大夫的心目中已不再是"夷狄"之物；保守派视为"奇技淫巧"的声光化电，不但开始用于军事和军事工业，也开始用于民用工业和城市社会生活，从而在城市生活的衣、食、住、行等方面，传统的风俗习惯也随之发生了较大的变化。与此同时，随着涉海事务的增多，国家的海洋事业有了新发展，人们的海洋意识、海防思想、海权观念也发生了变化。

从 19 世纪 40 年代到 20 世纪初，中国沿海被迫对外开放的港口有 29 个。港口的开放，打破了中国原先自我封闭的国家制度和社会环境，扩大了中国和世界各国的国际交往，港口成了人们了解与接触西方先进事物的窗口。就连原本不起眼的烟台、牛庄等沿海港口小城，也吸引了西方许多国家的领事馆进驻。这些大大小小的中国沿海港口，一时间变得洋船济济、"洋人接踵"。如此的港口开放，显示了中国海权的丧失，而国外的生产技术、科学文化通过海路与这些港口的引进和输入，又客观上推动了沿海港口与城市的近代化发展，促进了民族工业包括中国新式航运业的产生和发展，同时带来了中国文化包括海洋文化越来越深刻的变化。

1840年鸦片战争之前，从政区上看，中国海疆较之清前期没有多大的变化，在北起鄂霍次克海南至南海的绵长海岸线上，依次分布着吉林、奉天、直隶、山东、江苏、浙江、福建、广东、广西等省区。北部沿海地区主要包括吉林将军辖地，地域辽阔，资源丰富，但由于一直以来都是少数民族聚居区，开发较晚，经济一向不发达。清王朝建立以后，以之为本族的龙兴之地将大片地区划为旗地、官庄和围场，并自康熙七年(1668年)起实行封禁政策，禁止汉民的垦荒和生产活动，极大地限制了该地区的经济发展，中部沿海地区包括奉天、直隶、山东三个省级行政区及其附近岛屿。❶

环渤海湾中部沿海经济区人口稠密，经济发达，与直隶、山东两省具有更多的一致性，共同构成了这一地区的传统农业比较发达，渔、盐、航运、外贸等海洋经济项目也有一定的发展。东南沿海地区包括江苏、浙江、福建、广东、广西等省份及台湾、海南等沿海岛屿。该地区面积最大，人口最多，经济也最为发达，是清王朝的经济重心——江南的重要组成部分，也是整个中国海疆的主体部分。沿海三个经济区的不平衡主要是传统农业的不同，而不是海洋经济的差异。这主要是因为，中国是一个农耕文明十分发达的国家，农业是立国之本，在整个国家的经济生活中占有绝对主导地位。在这样一个大前提下，海洋经济只是起辅助作用的次要经济成分，发展的规模、速度都很有限；即便在沿海地区，也未能成为占主导地位的经济因素，这也是沿海经济在晚清以前的一个基本特点。尽管沿海地区的经济并不具备突出的海洋经济特征，但是仍显示出一些与内陆地区不同的特点。

19世纪前半叶，沿海地区的人口和经济的发展，就显示出了若干特点。

第一，沿海区域人口增殖较快。经过近两个世纪的和平发展，清朝人口

---

❶ 张炜，方堃.中国海疆通史［M］.郑州：中州古籍出版社，2002.

有了大幅度的增长。1740 年前后，全国人口有 2 亿左右，到 1850 年前后，已经增至 4.5 亿左右，百余年间翻了一番有余。而沿海地区又是全国人口最集中的地区，仅直隶、山东、江苏、浙江、福建、广东等六省的人口，就已占到全国人口的 41.94%。人口稠密一方面说明沿海地区经济发达，吸引了大量人口，另一方面也带来了一定的社会问题。由于封建经济无法为激增的人口提供足够的社会产品，再加上阶级压迫的残酷、贫富分化的加剧，致使大量人口处于相对过剩状态，缺乏基本生产资料和生活资料。于是，大量的剩余人口不得不去寻求新的生活出路。他们有的流入沿海城市和乡镇，成为雇工或手工业者；有的移往周边偏远的山区或海岛，进行移民垦殖，从而使沿海的山区、滩涂和岛屿得到了进一步开发；还有的漂洋过海，移居南洋。据估算，到鸦片战争前夕，散居东南亚的海外移民及其后裔已达 100 万~150 万人，❶ 形成了颇具规模的移民群体。虽然沿海人民力图开辟新的生计来源，但也只能是对封建自然经济体系内生产领域和生存空间有限度的拓展，并不能从根本上解决人口过剩的问题。更何况，这些寻求新的生活空间的活动还受到清王朝的种种限制，如明令禁止海外移民、禁止沿海岛屿的新住民添建新屋等。因此，人口过剩成为沿海地区的一大社会问题，一遇灾荒，便会有大量流民涌至各地求食。

第二，沿海区域手工业发达。丝织业以江浙地区最为发达。浙江以杭、嘉、湖地区产丝最盛。苏州、南京、杭州都是闻名全国的丝织业中心，集中了大批脱离了农业生产专以丝织为业的小商品生产者。一些以丝织业为中心的新市镇也悄然兴起。在沿海其他地区，丝织业虽不如江浙发达，也有一定程度的发展。丝织业是中国资本主义萌发最早的行业，早在明末即出现了具有早期资本主义性质的手工工场。清朝前期，资本主义萌发有了进一步的发展。道光年间，南京已经出现了拥有五六百张织机的机户，杭州、宁波、湖州等地的手工、工场也颇具规模。有的地方还出现了一些大的账房。这些账房大部分都不开设工场，而是把原料乃至生产工具提供给小机户进行加工，按成品的数量付予工资。账房实际上已经成为包买商，开始运用商业资本支配生产活动。除丝、棉纺织业以外，沿海地区在制茶、造纸、冶铁等手工业门类中，也不同程度地出现了资本主义萌芽；即便在商品经济相对落后的北

---

❶ 杨国桢，等 . 明清中国沿海社会与海外移民［M］. 北京：高等教育出版社，1997.

部沿海地区，到道光年间，奉天、营口等地的酿酒、榨油等行业中也出现了稀疏的资本主义萌芽，而且由于关内商业资本的渗透，还出现了商业资本支配家庭柞蚕制丝业的现象。

第三，沿海城市商业经济发达。农业和手工业的发展为沿海商业的繁荣提供了条件。苏州、南京、杭州、扬州、广州等都是著名的商业都会，松江、上海的土布，苏州、江宁、杭州的丝绸，扬州的盐，佛山的铁器都是行销远近的产品，许多拥有巨资的大商人往返于这些城市与全国各省区之间，从事大规模的远途贩运，商业活动十分活跃。商业的发达带动了沿海航运与贸易的发展。上海是最重要的航运中心。据嘉庆《上海县志》记载，"自海运通商贸易，闽、粤、浙、齐、辽海间及海国船舶皆泊县城东隅，舳舻尾衔，帆樯栉比"。南洋的糖、茶、烟、染料以及鸦片、胡椒、铁等洋货，北洋的大代豆、豆饼、小麦、木材，长江三角洲的棉布、丝绸，日本的铜，东南亚的糖、海参等物资大量汇聚于此，上海成为南北物资流通的枢纽。清朝中期以后，北部沿海诸港口也迅速地发展起来。营口是奉天沿海的重要海港，也是东北地区最大的米、豆集散地。天津的商贸因而更加繁盛。沿海地区的商业贸易虽然比较发达，但是在对外贸易方面却日益显现出衰相。

鸦片战争以前，沿海地区的商品性农业发展突出，手工业和商业较为发达，资本主义萌芽有了进一步的发展，这些是沿海经济区别于内陆地区经济较为显著的特征。但是，这并不意味着沿海经济已经突破了自然经济的藩篱，一些行业中的资本主义萌芽就像封建经济汪洋大海中的一叶小舟，力量十分微弱，远不足以构成冲破自然经济壁垒的革命性力量。因此，19世纪初期的沿海地区，自然经济依然是占统治地位的经济形态。1840年鸦片战争的爆发，是由英国向中国非法倾销鸦片而引起的中英两国政治、经济、军事的大冲突和总较量，也是中西两种不同文明、不同文化之间长期隔绝和骤然相遇而形成的大震荡。从此，原本自成东方体系、已经形成了东方世界中心、并一直对西方世界产生重大影响的中国海洋文化，从观念到形态，都开始自觉与不自觉地让度于西方海洋文化，并被纳入西方海洋文化体系的建构之中。

参考文献

一、著作（编著）

[1] 曲金良. 海洋文化概论 [M]. 青岛：中国海洋大学出版社，1992.

[2] 曲金良. 中国海洋文化史长编（先秦秦汉卷）[M]. 青岛：中国海洋大学出版社，2008.

[3] 曲金良. 中国海洋文化史长编（魏晋南北朝隋唐卷）[M]. 青岛：中国海洋大学出版社，2013.

[4] 曲金良. 中国海洋文化史长编（宋元卷）[M]. 青岛：中国海洋大学出版社，2013.

[5] 曲金良. 中国海洋文化史长编（明清卷）[M]. 青岛：中国海洋大学出版社，2012.

[6] 孙善根. 浙江近代海洋文明史（民国卷·第二册）[M]. 北京：商务印书馆，2017.

[7] 盖广生. 大海国 [M]. 北京：海洋出版社，2011.

[8] 杨国桢，郑甫弘，孙谦. 明清中国沿海社会与海外移民 [M]. 北京：高等教育出版社，1997.

[9] 杨国桢. 闽在海中：追寻福建海洋发展史 [M]. 南昌：江西高校出版社，1998.

[10] 杨国桢. 中国海洋文明专题研究（第1卷）[M]. 北京：人民出版社，2016.

[11] 杨国桢. 中国海洋文明专题研究（1~10卷）[M]. 北京：人民出版社，2016.

[12] 王传友. 海防安全论 [M]. 北京：海洋出版社，2007.

[13] 朱绍侯. 中国古代治安制度史 [M]. 郑州：河南大学出版社，1994.

[14] 张炜，方堃. 中国海疆通史 [M]. 郑州：中州古籍出版社，2002.

[15] 郑学檬. 中国古代经济重心南移和唐宋江南经济研究 [M]. 长沙：岳麓书社，1996.

[16] 黄纯艳. 宋朝海外贸易 [M]. 北京：社会科学文献出版社，2003.

[17] 席龙飞. 中国造船史 [M]. 武汉：湖北教育出版社，2000.

[18] 章巽. 中国航海科技史 [M]. 北京：海洋出版社，1991.

[19] 郑广南. 中国海盗史 [M]. 上海：华东理工大学出版社，1998.

[20] 邓端本. 广州外贸史（上）[M]. 广州：广东高等教育出版社，1996.

[21] 邓端本. 广州港史（古代部分）[M]. 北京：海洋出版社，1986.

[22] 沈福伟. 中西文化交流史 [M]. 上海：上海人民出版社，1985.

[23] 陈国强. 妈祖信仰与祖庙 [M]. 福州：福建教育出版社，1990.

[24] 黄顺力. 海洋迷思——中国海洋观的传统与变迁 [M]. 南昌：江西高校出版社，1999.

[25] 陈高华，陈尚胜. 中国海外交通史 [M]. 中国台湾：台湾文津出版社，1997.

[26] 王冠倬. 中国古船图谱 [M]. 北京：生活·读书·新知三联书店，2000.

[27] 蓝达居. 喧闹的海市——闽东南港市兴衰与海洋人文 [M]. 南昌：江西高校出版社，1999.

[28] 郑绍昌. 宁波港史 [M]. 北京：人民交通出版社，1986.

[29] 林仁川. 福建对外贸易与海关史 [M]. 厦门：鹭江出版社，1991.

[30] 刘迎胜. 丝路文化·海上卷 [M]. 杭州：浙江人民出版社，1995.

[31] 陈玉龙，等. 汉文化论纲 [M]. 北京：北京大学出版社，1993.

[32] 宋正海，郭永芳，陈瑞平 . 中国古代海洋学史 [M]. 北京：海洋出版社，1986.

[33] 王荣国 . 海洋神灵——中国海神信仰与社会经济［M］. 南昌：江西高校出版社，2003.

[34] 安京 . 中国古代海疆史纲 [M]. 哈尔滨：黑龙江教育出版社，1999.

[35] 龙登高 . 江南市场史：十一至十九世纪的变迁 [M]. 北京：清华大学出版社，2003.

[36] 陆敏珍 . 唐宋时期明州区域社会经济研究 [M]. 上海：上海古籍出版社，2007.

[37] 陈国灿 . 宋朝江南城市化研究 [M]. 北京：中华书局，2002.

[38] 陈国灿 . 江南农村城市化历史研究 [M]. 北京：中国社会科学出版社，2004.

[39] 陈国灿 . 南宋城镇史 [M]. 北京：人民出版社，2009.

[40] 关履权 . 宋朝广州的海外贸易 [M]. 广州：广东人民出版社，2013.

[41] 陈高华，吴泰 . 宋元时期的海外贸易 [M]. 天津：天津人民出版社，1981.

[42] 廖大可 . 福建海外交通史 [M]. 福州：福建人民出版社，2002.

[43]《天津港史》编委会 . 天津港史 (古近代部分)[M]. 北京：人民交通出版社，1986.

[44]《登州古港史》编委会 . 登州古港史 [M]. 北京：人民交通出版社，1994.

[45] 汶江 . 古代中国与亚非地区的海上交通 [M]. 成都：四川省社会科学院出版社，1989.

[46] 张俊彦 . 古代中国与西亚非洲的海上往来 [M]. 北京：海洋出版社，1986.

[47] 何芳川，万明 . 古代中西文化交流史话 [M]. 北京：商务印书馆，1998.

[48] 王晓秋 . 中日文化交流史大系（历史卷）[M]. 杭州：浙江人民出版社，1996.

[49] 安京 . 海疆开发史话 [M]. 北京：中国大百科全书出版社，2000.

[50] 李露露 . 妈祖神韵 [M]. 北京：学苑出版社，2003.

[51] 陈霞飞，蔡渭洲 . 海关史话 [M]. 北京：社会科学文献出版社，2000.

[52]《泉州港与古代海外交通》编写组 . 泉州港与古代海外交通 [M]. 北京：文物出版社，1982.

[53]（美）林肯·佩恩 . 海洋与文明 [M]. 陈建军，罗燚英，译 . 天津：天津人民出版社，2017.

[54]（美）罗伯特·D. 卡普兰 . 即将到来的地缘战争——无法回避的大国冲突及对地理宿命的抗争 [M]. 涵朴，译 . 广州：广东人民出版社，2013.

[55]（日）木宫泰彦 . 日中文化交流史 [M]. 胡锡年，译 . 北京：商务印书馆，1980.

[56]（日）藤田丰八 . 宋朝市舶司与市舶条例 [M]. 魏重庆，译 . 北京：商务印书馆，1936.

[57]（日）三上次男 . 陶瓷之路 [M]. 李锡经，高喜美，译 . 北京：文物出版社，1984.

二、文章

[1] 杨国桢 . 从涉海历史到海洋整体史的思考 [J]. 南方文物，2005.

[2] 杨国桢 . 中华海洋文明的时代划分 [J]. 海洋史研究，2014（1）.

[3] 李红岩 ."海洋史学"浅议 [J]. 海洋史研究，2012.

[4] 孙方一 . 论秦汉时期海洋管量 [J]. 南海学刊，2017，3（1）.

[5] 张帆 . 中国古代海洋文明与海洋战略概述 [J]. 珠江论丛，2017（2）.

[6] 李传江，张瑞芳．秦始皇东巡与海洋疆域的拓展 [J]．兰台世界，2012（27）．

[7] 尹建强．试析汉武帝的海洋意识 [J]．高等教育，2014，8．

[8] 丁涛，王鑫．秦汉时期如何经略海洋 [N]．学习时报，2018-11-5．

[9] 李明山．东南沿海疍民与海上丝绸之路 (上)[J]．广东职业技术教育与研究，2017，10．

[10] 李金明．唐朝对外开放政策与海外贸易 [J]．南洋问题研究，1994，3．

[11] 中国古代造船发展史编写组．唐宋时期我国造船技术的发展 [J]．大连理工大学学报，1975（4）．

[12] 席龙飞．北宋的汴河运输和船舶 [J]．内河运输，1981（3）．

[13] 席龙飞．桨舵考 [J]．武汉水运工程学院学报，1981（1）．

[14] 林正秋．唐宋时期浙江与日本的佛教文化交流 [J]．海交史研究，1997（1）．

[15] 席龙飞，何国卫．对宁波古船的研究 [J]．武汉水运学院学报，1981（2）．

[16] 顾卫民．广州通商制度与鸦片战争 [J]．历史研究，1989（1）．

[17] 卜祥伟，熊铁基．试论秦汉社会的海神信仰与海洋意识 [J]．兰州学刊，2013，9．

[18] 陈巧平．明清江南地区市场考察 [J]．中国经济史研究，1990（2）．

[19] 章深．"北宋元丰市化条"试析 [J]．广东狂会科学，1995（5）．

[20] 叶文程．宋元时期中国东南沿海地区陶瓷的外销 [J]．海交史研究，1984（6）．

[21] 郑学样．宋朝福建海外贸易的发展对社会经济结构变化的影响 [J]．中国社会经济史研究，1996（2）．

[22] 王荣国．明清时代的海神信仰与经济社会 [D]．厦门：厦门大学，2001．

[23] 王丽华．隋唐海洋文化研究 [D]．南京：南京师范大学，2012．

[24] 姜浩．隋唐造船业研究 [D]．上海：上海师范大学，2010．

[25] 廖伊婕．宋朝近海市场研究 [D]．昆明：云南大学，2015．